◆ Web前端技术丛书 ◆

Node.js
+MongoDB+Vue.js
全栈开发实战

邹琼俊 编著

清华大学出版社
北京

内 容 简 介

为了紧跟时代技术潮流，本书前端部分所讲的是当前十分火热的 Vue 3 和 TypeScript，而后端部分则是 Node.js、MongoDB 及其相关技术。虽然本书介绍的是全栈开发，但实际上书中内容更侧重于后端。书中所涵盖的知识点是全栈开发求职面试中必须掌握的内容，而如果熟悉 MongoDB，则必然是加分项。本书配套示例源代码、PPT 课件、作者 QQ 群答疑服务。

本书共分为 9 章，内容包括 Node.js 和 TypeScript 基础、模块加载及第三方包、HTTP 及 Node 异步编程、MongoDB 数据库、art-template 模板引擎、Express 框架、TypeScript 编程、文章管理系统实战、后台管理系统实战。

本书适合 Node 后端开发初学者、Web 全栈开发初学者、Web 前端开发人员、Web 全栈开发人员、Web 应用开发人员，也适合高等院校或高职高专全栈开发课程的学生。

本书封面贴有清华大学出版社防伪标签，无标签者不得销售。
版权所有，侵权必究。举报：010-62782989，beiqinquan@tup.tsinghua.edu.cn。

图书在版编目（CIP）数据

Node.js+MongoDB+Vue.js 全栈开发实战/邹琼俊编著. —北京：清华大学出版社，2024.5
（Web 前端技术丛书）
ISBN 978-7-302-66023-1

Ⅰ．①N… Ⅱ．①邹… Ⅲ．①网页制作工具—程序设计 Ⅳ．①TP393.092.2

中国国家版本馆 CIP 数据核字（2024）第 070143 号

责任编辑：夏毓彦
封面设计：王 翔
责任校对：闫秀华
责任印制：杨 艳

出版发行：清华大学出版社
网　　址：https://www.tup.com.cn，https://www.wqxuetang.com
地　　址：北京清华大学学研大厦 A 座　　邮　编：100084
社 总 机：010-83470000　　邮　购：010-62786544
投稿与读者服务：010-62776969，c-service@tup.tsinghua.edu.cn
质 量 反 馈：010-62772015，zhiliang@tup.tsinghua.edu.cn

印 装 者：三河市天利华印刷装订有限公司
经　　销：全国新华书店
开　　本：190mm×260mm　　印 张：17　　字　数：458 千字
版　　次：2024 年 5 月第 1 版　　印　次：2024 年 5 月第 1 次印刷
定　　价：79.00 元

产品编号：105231-01

前　　言

本书从初学者的视角出发，将理论和实践相结合，通过循序渐进、由浅入深的方式来讲解偏向于前端的全栈开发，让读者在学习的过程中不断提升 Web 开发水平。阅读本书仅需有 HTML、CSS、JavaScript 基础，即使是一个 Vue 3、Node.js 和 MongoDB 的初学者，也可以轻松阅读本书。书中提供了非常多的示例来帮助读者将理论知识运用于实践，让读者学习起来不会感到枯燥乏味。相信本书一定能让读者在短时间内快速掌握 Vue 3、TypeScript、Node.js、MongoDB 等相关知识，并能够将所学知识运用到实际开发中。

为什么写作本书

现今，对于每一位 Web 前端开发者而言，对开发技能的要求越来越高，互联网行业越来越"卷"，而熟悉全栈开发的前端工程师在互联网市场中更具有竞争优势。

许多前端开发者对 Node.js、TypeScript 和 NoSQL 数据库缺乏一定的了解和认识，笔者想通过本书，让前端开发者可以不依赖于后端，独自完成一些小的项目开发。同时，也让前端开发者对后端数据库和接口的开发有一定了解，以便今后在与后端开发人员协作时更加顺畅。

希望本书能给读者带来思路上的启发与技术上的提升，使每位读者能够从中获益。同时，笔者也非常希望能借此机会与国内热衷于 Web 应用的开发者们进行交流。由于时间和水平有限，书中难免存在疏漏之处，希望读者批评、指正，笔者将万分感谢。

如何阅读本书

由于书中内容环环相扣，对于初学者，建议尽量按照顺序进行阅读，阅读时，把书中所有的示例自己动手实现一遍；对于有经验的开发者，可以选择感兴趣的内容进行阅读。

在阅读过程中，读者还可以按照自己的想法，在原有的示例上修改或新增一些内容，学会自己扩展和思考。

本书特点

本书以实用为主，实用、适用、够用是本书的编写理念。学完本书，初学者直接就能从零开始掌握 Web 应用的全栈开发方法。

本书内容言简意赅、通俗易懂、注重操作，方便各类 Web 开发人员自学。

本书采用由浅入深的方式来讲解 Node.js、MongoDB、TypeScript 和 Vue 3 在实际工作中的各种应用，读者在阅读过程中配合动手实操，不会感觉到枯燥和乏味。

配套资源下载

本书配套示例源代码、PPT 课件、作者 QQ 群答疑服务，读者需要使用自己的微信扫描下面二维码下载。如果对本书有任何问题和建议，请用电子邮件联系 booksaga@163.com，邮件主题为"Node.js+MangoDB+Vue.js 全栈开发实战"。

适合的读者

- Node 后端开发初学者
- Web 全栈开发初学者
- Web 前端开发人员
- Web 应用开发人员
- Web 全栈开发人员
- 高等院校或高职高专的学生

致谢

本书能顺利出版，首先要感谢清华大学出版社的编辑们，正是他们在写作过程中的全程指导，才使得本书的创作不断被完善，从而确保了顺利完稿。

其次要感谢我的家人，写一本书所花的时间和精力都是巨大的，家人的支持和鼓励给予我莫大帮助。

最后，要感谢公司给我提供了一个自我提升的发展平台。

正是因为他们，才促使我顺利完成本书的创作。

笔者
2024 年 3 月

目　　录

第 1 章　Node.js 和 TypeScript 基础 ·· 1
1.1　Node.js 开发概述 ·· 1
1.1.1　为什么要学习 Node.js ·· 2
1.1.2　什么是 Node.js ·· 2
1.1.3　Node.js 的特点 ·· 3
1.1.4　var、let 和 const 的区别 ·· 4
1.1.5　开发工具 ·· 5
1.2　Node.js 运行环境搭建 ·· 5
1.2.1　Node.js 运行环境安装 ·· 5
1.2.2　Node.js 环境安装失败的解决办法 ·· 7
1.2.3　代码有无分号的问题 ·· 7
1.3　Node.js 快速入门 ·· 8
1.3.1　Node.js 的组成 ·· 8
1.3.2　Node.js 基础语法 ·· 8
1.3.3　Node.js 全局对象 global ·· 8
1.4　nvm 的安装与使用 ·· 9
1.5　Visual Studio Code 的使用 ·· 10
1.5.1　忽略 node_module 目录 ·· 10
1.5.2　安装 Visual Studio Code 插件 ·· 11
1.5.3　打开并运行项目 ·· 13
1.5.4　Visual Studio Code 配置 ·· 15
1.5.5　搜索 ·· 16

第 2 章　模块加载及第三方包 ·· 17
2.1　Node.js 模块化开发 ·· 17
2.1.1　JavaScript 开发弊端 ·· 17
2.1.2　模块化 ·· 18
2.1.3　Node.js 中模块化开发规范 ·· 19
2.1.4　exports 和 module.exports 的区别 ·· 21

2.1.5 require 优先从缓存加载 22
2.2 系统模块 22
2.2.1 什么是系统模块 22
2.2.2 系统模块 fs 文件操作 23
2.2.3 系统模块 path 路径操作 25
2.2.4 相对路径和绝对路径 25
2.3 第三方模块 25
2.3.1 什么是第三方模块 25
2.3.2 获取第三方模块 26
2.3.3 第三方模块 nrm 29
2.3.4 第三方模块 nodemon 29
2.3.5 第三方模块 gulp 30
2.3.6 npx 37
2.4 package.json 文件 38
2.4.1 node_modules 目录的问题 38
2.4.2 package.json 文件的作用 38
2.4.3 package.json 文件中各个选项的含义 39
2.4.4 package-lock.json 文件的作用 40
2.4.5 yarn.lock 的作用 41
2.5 Node.js 中模块的加载机制 42
2.5.1 模块查找规则：当模块拥有路径但没有后缀时 42
2.5.2 模块查找规则：当模块没有路径且没有后缀时 42

第 3 章 HTTP 及 Node 异步编程 44
3.1 C/S、B/S 软件体系结构分析 44
3.2 服务器端基础概念 45
3.2.1 网站服务器 46
3.2.2 IP 地址 46
3.2.3 域名 48
3.2.4 端口 48
3.2.5 URL 49
3.2.6 客户端和服务器端 49
3.3 创建 Web 服务器 49
3.4 HTTP 51
3.4.1 HTTP 的概念 51

3.4.2　报文……51
　　3.4.3　请求报文……52
　　3.4.4　响应报文……57
3.5　HTTP 请求与响应处理……58
　　3.5.1　请求参数……59
　　3.5.2　路由……61
　　3.5.3　静态资源……62
　　3.5.4　动态资源……63
　　3.5.5　客户端请求方式……64
3.6　Node.js 异步编程……65
　　3.6.1　同步 API 和异步 API……65
　　3.6.2　回调函数……67
　　3.6.3　Node.js 中的异步 API……68
　　3.6.4　Promise……69
　　3.6.5　async 和 await……71

第 4 章　MongoDB 数据库……74

4.1　数据库概述……74
　　4.1.1　数据库简介……74
　　4.1.2　MongoDB 数据库相关概念……75
4.2　MongoDB 数据库环境搭建……77
　　4.2.1　MongoDB 数据库下载与安装……77
　　4.2.2　启动 MongoDB……80
4.3　MongoDB 操作……80
　　4.3.1　MongoDB 的 Shell 操作……80
　　4.3.2　MongoDB 可视化软件……85
　　4.3.3　MongoDB 导入和导出数据……87
4.4　MongoDB 索引……88
　　4.4.1　创建简单索引……88
　　4.4.2　唯一索引……90
　　4.4.3　删除重复值……90
　　4.4.4　hint……90
　　4.4.5　explain……91
　　4.4.6　索引管理……92
4.5　MongoDB 备份与恢复……93

	4.5.1 MongoDB 数据库备份	93
	4.5.2 MongoDB 数据库恢复	94
4.6	Mongoose 数据库连接	95
4.7	Mongoose 增、删、改、查操作	96
	4.7.1 创建数据库	96
	4.7.2 创建集合	97
	4.7.3 创建文档	98
	4.7.4 查询文档	99
	4.7.5 删除文档	103
	4.7.6 更新文档	104
	4.7.7 Mongoose 验证	104
	4.7.8 集合关联	106

第 5 章 art-template 模板引擎 108

5.1	模板引擎的基础概念	108
	5.1.1 模板引擎	108
	5.1.2 art-template 简介	110
5.2	模板引擎语法	112
5.3	案例——用户管理	116
	5.3.1 案例介绍	116
	5.3.2 案例操作	117

第 6 章 Express 框架 127

6.1	Express 框架简介	127
6.2	中间件	128
	6.2.1 什么是中间件	128
	6.2.2 app.use 中间件用法	129
	6.2.3 中间件应用	130
	6.2.4 错误处理中间件	131
6.3	Express 请求处理	133
	6.3.1 构建路由	133
	6.3.2 构建模块化路由	134
	6.3.3 GET 参数的获取	135
	6.3.4 POST 参数的获取	135
	6.3.5 Express 路由参数	136

6.3.6　静态资源处理 137
6.4　express-art-template 模板引擎 137
6.5　express-session 138

第 7 章　TypeScript 编程 141

7.1　TypeScript 基础 141
7.1.1　TypeScript 简介 141
7.1.2　TypeScript 的特点 142
7.1.3　安装 TypeScript 143
7.1.4　JavaScript 中的变量和类型限制 143
7.1.5　编写 TypeScript 程序 144
7.1.6　手动编译代码 145
7.1.7　Visual Studio Code 自动编译 146
7.1.8　类型注解 147
7.1.9　使用 vite 快速创建 TypeScript 开发环境 147

7.2　基础类型 148
7.2.1　布尔类型 149
7.2.2　数字 149
7.2.3　字符串 149
7.2.4　undefined 和 null 150
7.2.5　数组 150
7.2.6　元组 150
7.2.7　枚举 151
7.2.8　any 151
7.2.9　void 152
7.2.10　never 和 symbol 152
7.2.11　object 153
7.2.12　联合类型 153
7.2.13　类型断言 154
7.2.14　类型推断 154

7.3　接口 155
7.3.1　接口初探 155
7.3.2　可选属性 156
7.3.3　只读属性 156
7.3.4　函数类型 157

7.3.5 类类型 ... 157
7.4 类 ... 158
7.4.1 基本示例 ... 158
7.4.2 继承 ... 159
7.4.3 公共、私有与受保护的访问修饰符 ... 161
7.4.4 readonly 修饰符和参数属性 ... 162
7.4.5 存取器 ... 163
7.4.6 静态属性 ... 164
7.4.7 抽象类 ... 164
7.5 函数 ... 164
7.5.1 基本示例 ... 165
7.5.2 函数类型 ... 165
7.5.3 可选参数和默认参数 ... 166
7.5.4 剩余参数 ... 166
7.5.5 函数重载 ... 166
7.6 泛型 ... 167
7.6.1 引入泛型 ... 167
7.6.2 多个泛型参数的函数 ... 168
7.6.3 泛型接口 ... 168
7.6.4 泛型类 ... 169
7.6.5 泛型约束 ... 170
7.7 声明文件和内置对象 ... 170
7.7.1 声明文件 ... 170
7.7.2 内置对象 ... 171

第8章 文章管理系统实战 ... 173
8.1 项目环境搭建 ... 173
8.1.1 项目介绍 ... 173
8.1.2 项目框架搭建 ... 174
8.2 项目功能实现 ... 181
8.2.1 登录注册 ... 181
8.2.2 文章管理 ... 194
8.2.3 用户管理 ... 206
8.2.4 网站首页 ... 210
8.2.5 文章评论 ... 211

8.2.6　访问权限控制 ……………………………………………………………… 213
8.3　项目源代码和运行 ………………………………………………………………… 213

第9章　后台管理系统实战 …………………………………………………………… 215
9.1　项目介绍 …………………………………………………………………………… 215
9.2　项目搭建 …………………………………………………………………………… 218
9.3　后端项目搭建 ……………………………………………………………………… 219
　　9.3.1　搭建 Node.js Web 服务器项目 …………………………………………… 219
　　9.3.2　数据库初始化 ……………………………………………………………… 228
　　9.3.3　启动 Web 服务器 …………………………………………………………… 228
　　9.3.4　接口测试 …………………………………………………………………… 229
9.4　前端项目搭建 ……………………………………………………………………… 229
　　9.4.1　基础目录结构构建 ………………………………………………………… 229
　　9.4.2　配置 Pinia ………………………………………………………………… 233
　　9.4.3　准备路由环境 ……………………………………………………………… 235
　　9.4.4　封装接口请求 ……………………………………………………………… 235
　　9.4.5　搭建主界面 ………………………………………………………………… 238
　　9.4.6　配置路由 …………………………………………………………………… 244
　　9.4.7　构建系统后台首页 ………………………………………………………… 247
　　9.4.8　用户列表 …………………………………………………………………… 249
　　9.4.9　新增/编辑用户 …………………………………………………………… 254
　　9.4.10　配置代理 ………………………………………………………………… 258
9.5　项目运行 …………………………………………………………………………… 259

第 1 章

Node.js 和 TypeScript 基础

本章将带领读者了解 Node.js 及 TypeScript 的基础知识。

首先将全面介绍 Node.js 开发概述,包括为什么要学习 Node.js、Node.js 的定义及其特点,并深入探讨 JavaScript 中 var、let 和 const 的区别,还会介绍必备的开发工具,为读者提供一个良好的开端。然后,将介绍如何搭建 Node.js 运行环境,包括 Node.js 运行环境的安装方法、可能出现的安装失败及其解决办法,以及代码中有无分号的问题。接下来,将带领读者快速入门 Node.js,这部分内容包括 Node.js 的组成、基础语法以及全局对象 global。最后,将介绍 nvm 的简介、安装和使用,以及 Visual Studio Code 的使用方法,包括忽略 node_module 目录、安装 Visual Studio Code 插件、打开并运行项目,以及配置 Visual Studio Code 和进行搜索。

通过对本章内容的学习,读者将对 Node.js 和 TypeScript 有更深入的了解,并能够熟练应用它们于实际项目开发当中。

本章学习目标

- 能够知道 Node.js 是什么
- 能够安装 Node.js 运行环境
- 能够知道系统环境变量 PATH 的作用
- 能够使用 Node.js 环境执行代码
- 能够切换 Node.js 指定版本
- 熟悉 Node.js 基础语法
- 熟悉 Visual Studio Code 的使用

1.1 Node.js 开发概述

Node.js(简称 Node)的推出,不仅能帮助开发者自动化处理更多琐碎费时的工作,更打破了前端和后端的语言边界,让 JavaScript(简称 JS)流畅地运行在服务器端。

Node.js 作为 JavaScript 的运行环境,大大地提高了前端开发的效率,增加了 Web 应用的丰富性。对 JavaScript 开发者来讲,有了 Node.js 几乎可以无障碍地深入实践服务端开发,并且无须学习新的编程语言。Node.js 的生态圈也是目前最为活跃的技术领域之一，大量的开源工具和模块可以让我们开发出高性能的服务端应用。

1.1.1　为什么要学习 Node.js

Node.js 从 2009 年出现至今，一直风靡全球，微软也已经将它集成进 Visual Studio 了。我们知道微软总是喜欢将一些它觉得比较好的东西集成到自己的产品中，这也侧面说明了 Node.js 的优秀。

（1）学习 Node.js 的好处：

- 能够和后端程序员配合得更加紧密。
- 可以将网站业务逻辑前置，学习前端技术需要后端技术（ajax）的支撑。
- 扩宽知识视野，能够站在更高的角度审视整个项目。
- 可以独立完成一些 Web 应用的开发。

（2）服务器端（后端）开发要做的事情：

- 实现网站的业务逻辑。
- 数据的增删改查（CRUD）。

（3）为什么选择 Node.js？

- 可以使用 JavaScript 语法开发后端应用。
- 一些公司要求前端工程师掌握 Node.js 开发。
- 生态系统活跃，有大量开源库可以使用。
- 前端开发工具大多基于 Node.js 开发。

Node.js 可能不是那些从未接触过服务端开发的初学者的最佳选择，因为要想真正精通服务端编程，传统的技术栈如 Java、PHP 和 .NET 更具优势。Node.js 不适宜初学者的原因主要是它比较偏底层并且极其灵活；而 Java、PHP 和 .NET 更适合初学者的原因在于它们抽象化了更多的底层细节。虽然 Node.js 并不是最适合服务端开发的入门技术，但这并不意味着它不强大。实际上，Node.js 在有经验的开发者手中可以发挥出极高的性能。对于前端开发者而言，Node.js 是成为高级前端开发工程师的一个重要技能。

1.1.2　什么是 Node.js

Node.js 既不是一种编程语言，也不是一个框架，而是一个运行时环境。它允许在服务器端运行 JavaScript 代码。在 Node.js 中，我们不会找到浏览器特定的对象，如 BOM（浏览器对象模型）或 DOM（文档对象模型）。它主要支持 ECMAScript（简称 ES）标准中规定的核心 JavaScript 语言功能。不过，Node.js 扩展了 JavaScript 的能力，提供了一系列服务器级别的 API，使得 JavaScript 能够执行文件系统操作、创建 HTTP 服务等服务器端特定任务。相对于浏览器中的 JavaScript，这些是新增的能力，因为在浏览器中，出于安全考虑，JavaScript 通常没有访问文件系统的权限。

1）Node.js 简介

我们可以通过以下描述来建立对 Node.js 的大致印象：

- Node.js 让 JavaScript 具备了与 Java 和.Net 一样开发 Web 应用的能力。
- Node.js 是一个由 C++编写的基于 Chrome V8 引擎的 JavaScript 运行环境。
- Node.js 的运行速度非常快，性能非常好，它对一些特殊用例进行了优化，提供了替代的 API，使得 Chrome V8 在非浏览器环境下运行得更好。
- Node.js 使用了一个事件驱动、非阻塞式 I/O 的模型，从而轻量又高效。
- Node.js 的包管理器 npm，是全球最大的开源库生态系统。

2）ECMAScript 包含的内容

Node.js 主要支持 ECMAScript 标准中规定的核心 JavaScript 语言功能，而 ECMAScript 包含的内容如下：

- 变量
- 方法
- 数据类型
- 内置对象
- Array
- Object
- Date
- Math

3）运行环境

- 浏览器（软件）能够运行 JavaScript 代码，浏览器就是 JavaScript 代码的运行环境，浏览器是不认识 Node.js 代码的。
- Node.js（软件）能够运行 JavaScript 代码，Node.js 就是 JavaScript 代码的运行环境。

在写作本书时，Node.js 的最新版本为 Node.js 18.17.1。

官方网站为：https://nodejs.org。
中文网站为：http://nodejs.cn。

1.1.3 Node.js 的特点

Node.js 具有以下特点：

（1）基于事件驱动和非阻塞 I/O 模型：Node.js 采用事件循环机制，通过异步非阻塞 I/O 操作来处理多个并发请求，使得服务器能够高效地处理大量的并发连接。

（2）运行在 V8 JavaScript 引擎上：Node.js 使用 Google 开发的 V8 引擎，将 JavaScript 代码直接编译为机器码，提高了执行速度和性能。

（3）轻量级和高效：Node.js 的核心设计理念是轻量级和高效。它具有精简的内核，只包含了必要的功能，减少了资源占用和启动时间，提升了应用程序的响应速度。

（4）单线程，但支持多线程：尽管 Node.js 是单线程的，但它通过事件循环和异步机制实现了高并发。此外，Node.js 还提供了 Cluster 模块和 Worker 线程池等工具，可以利用多核 CPU 实现多线程处理，进一步提高并发能力。

（5）适合构建实时应用：由于 Node.js 的高性能和事件驱动的特性，使得它非常适合构建实时应用，如聊天应用、游戏服务器、推送服务等。

（6）模块化和生态系统丰富：Node.js 支持模块化开发，通过 NPM（Node Package Manager）提供了丰富的第三方模块，能够快速构建和集成各种功能。

（7）跨平台：Node.js 可以在多个操作系统上运行，包括 Windows、macOS、Linux 等，提供了良好的跨平台支持。

总体而言，Node.js 以其高性能、可扩展性、灵活性和丰富的生态系统，成为流行的服务器端开发平台，广泛应用于 Web 开发、后端服务、命令行工具等领域。

Node.js 采用 JavaScript 与非阻塞 Socket 结合的方式，其独特之处在于对 I/O 操作的处理。与其他语言不同，Node.js 始终不会阻止程序执行，而是要求持续处理新任务。这使得它非常适合网络编程，特别是在服务器端需要与多个客户端通信以及处理网络连接的情况。Node.js 鼓励使用非阻塞模式，这一特性使得其在进行服务器端开发时，相较传统编程语言更为便捷。

1.1.4 var、let 和 const 的区别

在 JavaScript 和 Node.js 中，var、let 和 const 是用于声明变量的关键字，它们之间有一些区别。

（1）var 是在 ES 5 中引入的关键字，用于声明变量。它有以下特点：

- 函数作用域：var 声明的变量的作用域是整个函数内部。
- 变量提升：使用 var 声明的变量会被提升到函数的顶部，即使声明在后面也可以在之前使用。
- 可重复声明：可以重复使用 var 声明同一个变量，而不会产生错误。
- 没有块级作用域：var 声明的变量不存在块级作用域，在{}内部声明的变量会泄露到外部。

（2）let 是在 ES 6 中引入的关键字，用于声明块级作用域的变量。它具有以下特点：

- 块级作用域：let 声明的变量的作用域是包含它的最近的块（{}）内部。
- 不会提升变量：使用 let 声明的变量不会被提升，必须在声明后才能使用。
- 不可重复声明：在同一个作用域内，不能通过 let 对同一个变量进行重复声明。
- 可以修改值：let 声明的变量可以修改其值。

（3）const 也是在 ES 6 中引入的关键字，用于声明常量。它具有以下特点：

- 块级作用域：const 声明的变量的作用域是包含它的最近的块（{}）内部。
- 不会提升变量：使用 const 声明的变量不会被提升，必须在声明后才能使用。
- 不可重复声明：在同一个作用域内，不能通过 const 对同一个变量进行重复声明。
- 必须赋初始值：const 声明的变量必须在声明时赋初始值，并且之后不能再修改其值。

总的来说，var 是函数作用域，没有块级作用域和常量概念；let 是块级作用域的变量声明方式，可以修改值；const 同样是块级作用域的变量声明方式，但其值一旦被赋值后就不能再修改，因此被称为常量。

在实际开发中，推荐使用 let 和 const 来代替 var，以获得更好的作用域管理和变量约束。

1.1.5 开发工具

俗话说"工欲善其事必先利其器"，在进行编码开发之前，我们有必要先选择并安装好相应的开发工具。当前使用得最多的前端 IDE 当属 Visual Studio Code（简称 VS Code）和 WebStorm，而 WebStorm 是收费的，所以更推荐读者使用 Visual Studio Code，本书所有代码也均由 Visual Studio Code 编写。Visual Studio Code 相较于 WebStorm 来说更加轻量级，而丰富的插件库使得 Visual Studio Code 具备强大的扩展和自定义功能。Visual Studio Code 官网地址：https://code.visualstudio.com/。

Visual Studio Code 具有以下特点：

- 开源，免费。
- 自定义配置。
- 集成 git。
- 智能提示强大。
- 支持各种文件格式，如.html、.jade、.css、.less、.sass、.xml、.vue 等。
- 调试功能强大。
- 各种方便的快捷键。
- 强大的插件扩展。

1.2 Node.js 运行环境搭建

本节介绍如何搭建 Node.js 运行环境。

1.2.1 Node.js 运行环境安装

进入 Node.js 官网 https://nodejs.org，下载版本为 18.17.1 LTS 的 SDK，由于笔者的计算机是 Windows 11 64 位的系统，因此会看到如图 1-1 所示界面。

Download for Windows (x64)

18.17.1 LTS
Recommended For Most Users

20.6.1 Current
Latest Features

图 1-1

界面中有两个版本，分别是：

- LTS：Long Term Support，长期支持版、稳定版。
- Current：拥有最新特性的实验版。

在这里，选择左侧的稳定版（18.17.1 LTS）进行下载。如果要下载其他 SDK，可以进入下载页面https://nodejs.org/en/download/，选择需要的安装包进行下载。

下载完成之后，直接双击安装包进行安装，安装过程中不断单击"下一步"按钮便可顺利完成安装。

默认的安装路径是D:\Program Files\nodejs。

按Ctrl+R快捷键，输入CMD命令，打开控制台窗口，进入Node.js所在的安装目录，然后输入node -v查看当前的Node.js版本信息，操作如下所示。

```
C:\Users\zouqj>d:
D:\>cd D:\Program Files\nodejs
D:\Program Files\nodejs>node -v
v18.17.1
D:\Program Files\nodejs>
```

如果能看到Node.js的版本号，则说明安装成功。

如果我们直接在控制台窗口中输入node -v时报错，错误信息如图1-2所示，这是因为Node安装目录写入环境变量失败。解决办法是将Node安装目录添加到环境变量中。

图1-2

那么应该如何配置系统环境变量呢？下面以Windows 10为例介绍配置步骤。

步骤01 在计算机桌面上选中"此电脑"并右击，在弹出的快捷菜单中选择"属性"命令。

步骤02 在弹出的页面中单击"高级系统设置"，将弹出"系统属性"对话框。

步骤03 在"系统属性"对话框中单击"环境变量"按钮，将弹出"系统变量"对话框，如图1-3所示。

图1-3

步骤04 在"系统变量"对话框中单击"编辑"按钮，将弹出"编辑系统变量"对话框，在"变量值"文本框的最后添加分号，再加上Node.js的安装路径，例如;D:\Program Files\nodejs\，如图1-4所示。

步骤05 最后单击"确定"按钮，即可完成环境变量的配置。

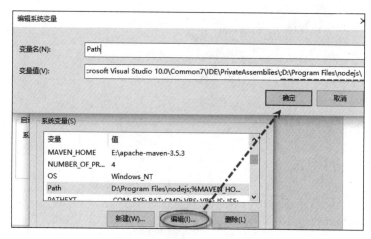

图 1-4

1.2.2　Node.js 环境安装失败的解决办法

在安装 Node.js 的时候如果报错，我们就要根据错误提示码来分析产生错误的原因。常见错误代码有 2502、2503，错误提示如图 1-5 所示。

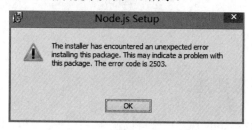

图 1-5

失败原因是系统账户权限不足。解决办法如下：

- 首先以管理员身份运行 powershell 命令行工具。
- 然后输入运行安装包的命令：msiexec/package node 安装包位置。

安装过程中遇到错误时，不要慌，我们可以去网上搜索解决方案，我们要学会自己组织搜索关键字来查询相关解决方法，例如在百度搜索框中输入"Node.js 安装 2502"。

1.2.3　代码有无分号的问题

代码结尾是否写分号这是编码习惯的问题，有些人的编码风格就是代码后面不写分号，有些人又喜欢写分号，在同一个项目中统一规则即可。

当采用无分号的代码风格的时候，只需要注意以下情况就不会有什么问题：

当一行代码是以"("、"["、"`"开头的时候，在前面补上一个分号用以避免一些语法解析错误。因此，我们会发现在一些第三方的代码中，一些代码行以一个";"开头。

建议：无论代码是否有分号，如果一行代码是以"("、"["、"`"开头的，则最好都在其前面补上一个分号。其实现在很多 IDE 都可以配置自动给代码结尾加分号，但为了减少出错的可能，笔者个人建议还是自己加上分号为妙。

1.3 Node.js 快速入门

本节将介绍如何快速入门 Node.js。

1.3.1 Node.js 的组成

JavaScript 由 3 部分组成：ECMAScript、DOM、BOM。

Node.js 由 ECMAScript 及 Node 环境提供的一些附加 API 组成，包括文件、网络、路径等一些更加强大的 API，如图 1-6 所示。

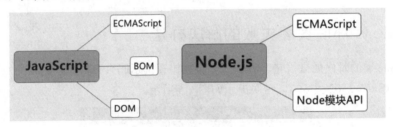

图 1-6

1.3.2 Node.js 基础语法

所有 ECMAScript 语法在 Node 环境中都可以使用。在 Node 环境下，使用 node 命令执行后缀为.js 的文件即可运行 ECMAScript 代码。

示例：新建一个 hello-china.js 文件。首先，输入如下代码：

```
var msg = '我和我的祖国';
console.log(msg);
```

然后在当前文件所在目录输入 node hello-china.js，运行结果如下：

```
PS D:\WorkSpace\node_mongodb_vue3_book\codes\chapter1\js> node hello-china.js
我和我的祖国
```

1.3.3 Node.js 全局对象 global

在浏览器中全局对象是 window，在 Node 中全局对象是 global。

Node 中全局对象下有以下方法：

- console.log()：在控制台中输出。
- setTimeout()：设置超时定时器。
- clearTimeout()：清除超时定时器。
- setInterval()：设置间歇定时器。

- clearInterval()：清除间歇定时器。

可以在任何地方使用这些方法，使用时可以省略 global。

示例：global 的使用。

global.js 代码如下：

```
global.console.log('你让我独自斟满这碗红尘的酒');
global.setTimeout(function () {
  console.log('借来晚风下口 敢与寂寞交手');
}, 1000);
```

在 CMD 控制台或者 Visual Studio Code 终端都可以执行上述代码。以 Visual Studio Code 终端为例，如图 1-7 所示新建一个终端，然后运行代码。

图 1-7

运行结果如下：

```
PS D:\WorkSpace\node_mongodb_vue3_book\codes\chapter1\js> node global.js
你让我独自斟满这碗红尘的酒
借来晚风下口 敢与寂寞交手
```

1.4 nvm 的安装与使用

nvm（Node Version Manager）是一个用于管理多个 Node.js 版本的工具，可以让开发人员在同一台机器上同时安装不同版本的 Node.js。通过 nvm，我们可以轻松地在项目之间切换 Node.js 版本，以确保每个项目都使用适合其需求的特定版本。当前 nvm 的最新版本为 v1.1.11。

1. 安装 nvm

nvm 的安装步骤如下：

步骤 01 在 https://github.com/coreybutler/nvm-windows/releases 网页下载 nvm-setup.exe 文件，如图 1-8 所示。

图 1-8

步骤 02 下载后，双击 nvm-setup.exe 进行安装。为了方便，可以给 nvm 配置环境变量。如图 1-9 所示。

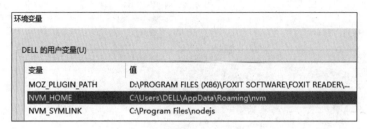

图 1-9

步骤 03 在 CMD 控制台执行 nvm version 命令，查看当前 nvm 安装的版本：

```
C:\Users\DELL>nvm version
1.1.11
```

2. 使用 nvm

安装了 nvm 后，就可以使用以下命令来管理 Node.js 版本：

- nvm install <version>：安装指定版本的 Node.js。例如，要安装 Node.js 14.17.6，可以运行 nvm install 14.17.6。
- nvm use <version>：切换到指定版本的 Node.js。例如，要使用 Node.js 14.17.6，可以运行 nvm use 14.17.6。
- nvm ls 或者 nvm list：列出已安装的所有 Node.js 版本。
- nvm current：显示当前正在使用的 Node.js 版本。
- nvm alias <name> <version>：为指定版本创建别名。例如，nvm alias default 14.17.6 将 v14.17.6 设置为默认版本。

通过以上命令，我们可以方便地安装、切换和管理不同的 Node.js 版本，以适应各个项目的需求。

1.5　Visual Studio Code 的使用

当我们使用 Visual Studio Code 作为前端代码开发工具时，需要做一些配置，例如安装插件、忽略 node_module 目录等，这样可以极大地提升开发效率。

Visual Studio Code 官网下载地址为 https://vscode.en.softonic.com/。

1.5.1　忽略 node_module 目录

在 Visual Studio Code 中，为了提升开发工具的性能，我们通常会忽略 node_module 目录。忽略后，node_module 目录将不会显示在 Visual Studio Code 当中。

操作步骤如下：

步骤01 在 Visual Studio Code 中，在菜单栏上依次单击 File（文件）→Preferences（首选项）→Settings（设置）命令，如图 1-10 所示。

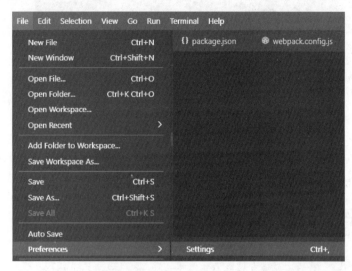

图 1-10

步骤02 在控制面板中输入 setting.json，打开 setting.json，如图 1-11 所示。

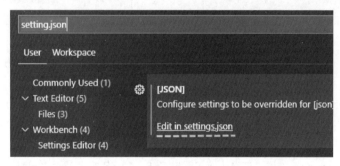

图 1-11

步骤03 修改 setting.json，添加以下代码：

```
"files.exclude": {
    "**/node_modules": true
},
```

这样就可以忽略 node_modules 目录。

1.5.2 安装 Visual Studio Code 插件

当使用 Visual Studio Code 来开发基于 Vue 3+TypeScript 的 Web 应用时，安装合适的 Visual Studio Code 插件可以极大地提升我们的开发体验和开发效率。

Visual Studio Code 中的许多插件都需要我们自己去安装，此处以安装一个 Vue 的插件 Vue Peek 为例进行介绍。打开 Visual Studio Code，单击左侧最下面的图标，然后在搜索框中输入"Vue Peek"，再在搜索出来的列表中找到这个插件，单击 Install 按钮进行安装，如图 1-12 所示。

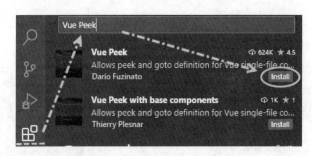

图 1-12

其他插件的安装方法与此类似。

Visual Studio Code 支持中文显示，不过笔者还是习惯英文显示，读者可以根据自己的喜好选择。建议安装以下插件：

- Mongo Snippets for Node-js：基于 Node.js 的 Mongo 代码模板。
- Node.js Modules Intellisense：Node.js 智能提示。
- Bootstrap 3 Snippets：Bootstrap3 代码模板。
- Volar：支持 Vue 3 语法高亮、语法检测，还支持 TypeScript 和基于 vue-tsc 的类型检查功能。
- Vue VSCode Snippets：Vue 的代码片段插件，可以通过输入快捷指令自动插入代码片段。例如输入"vbase-3"。
- IntelliSense for CSS class names in HTML：在 HTML 页面中可以对 CSS 的 class 类名进行智能提示。
- Auto Close Tag：自动闭合标签。它支持 HTML、Handlebars、XML、PHP、Vue、JavaScript、Typescript、JSX 等。
- Auto Rename Tag：自动完成另一侧标签的同步修改。
- Vue Peek：该插件用来拓展 Vue 代码编辑的体验，可以让我们快速跳转到组件、模块定义的文件。
- Prettier - Code formatter：代码格式化。
- HTML CSS Support：支持 HTML、CSS、SCSS、LESS 等语法的智能提示和代码补全。
- CSS Tree：根据选中的 HTML 或者 JSX 自动生成 CSS 代码树。
- Live Server：可以快速启动本地 HTML 页面。

可选择安装的插件如下：

- Chinese (Simplified) Language Pack for Visual Studio Code：中文（简体）语言包。
- EsLint：代码风格检查工具，可以通过配置文件自定义规则，主要用于语法纠错。

使用 Volar 时需要注意以下事项：

- 首先要禁用 Vetur 插件，避免冲突。
- 推荐使用 CSS/LESS/SCSS 作为<style>的语言，因为它们基于 vscode-css-language 服务提供了可靠的语言支持。
- 如果使用 postcss/stylus/sass，就需要安装额外的语法高亮扩展。postcss 使用 language-postcss，stylus 使用 language-stylus 拓展，sass 使用 Sass 拓展。
- Volar 不包含 ESLint 和 Prettier，而官方的 ESLint 和 Prettier 扩展支持 Vue，所以需要自行安装。

过去 Vue 2 用得比较多的语法插件是 Vetur。而在 Vue 3 中则使用 Volar，用于 Vue 3 的智能代码提示、语法高亮、智能感知、Emmet 等。Volar 替代了 Vue 2 中的 Vetur 插件。Vetur 和 Volar 之间存在一些冲突，需要使用哪个版本的 Vue 就安装对应的插件。

1.5.3　打开并运行项目

这里，笔者准备从 GitHub 上下载一个示例项目，下载地址为 https://github.com/un-pany/v3-admin-vite/tree/main。下载操作如图 1-13 所示。

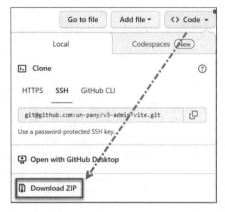

图 1-13

将项目下载到本地并进行解压，解压后的目录名称为 v3-admin-vite-main。下面开始打开并运行这个示例项目。

步骤 01 打开 Visual Studio Code，在 IDE 的菜单栏中依次单击"File"→"Open Folder…"，然后选中我们的项目代码目录，例如"D:\WorkSpace\node_mongodb_vue3_book\codes\chapter1\v3-admin-vite-main"。

我们查看 package.json 文件，看到使用的 Vue 版本是 3.3.4，如图 1-14 所示。

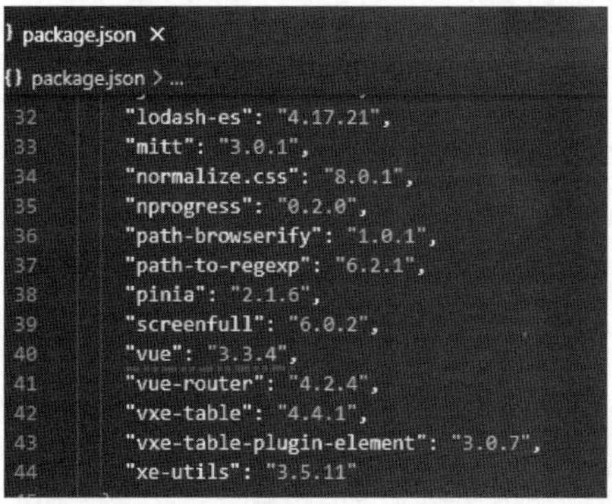

图 1-14

因此，要运行这个项目，需要使用高版本的 Node.js，这里使用当前最新版本 Node.js 18.17.1。

步骤 02 在 IDE 的菜单栏中依次单击"Terminal"→"New Terminal"，然后在控制台输入"yarn"，

安装项目需要的依赖包，如图 1-15 所示。

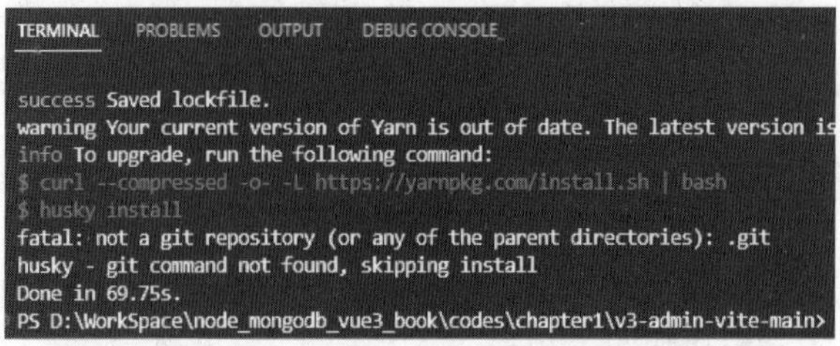

图 1-15

确保项目的依赖包安装完成之后，我们查看 package.json 文件，可以看到如下配置项：

```
"scripts": {
  "dev": "vite",
  "build:stage": "vue-tsc --noEmit && vite build --mode staging",
  "build:prod": "vue-tsc --noEmit && vite build",
  "preview:stage": "pnpm build:stage && vite preview",
  "preview:prod": "pnpm build:prod && vite preview",
  "lint:eslint": "eslint --cache --max-warnings 0 \"{src,tests,types}/**/*.{vue,js,jsx,ts,tsx}\" --fix",
   "lint:prettier": "prettier --write \"{src,tests,types}/**/*.{vue,js,jsx,ts,tsx,json,css,less,scss,html,md}\"",
  "lint": "pnpm lint:eslint && pnpm lint:prettier",
  "prepare": "husky install",
  "test": "vitest"
},
```

这就意味着我们可以在控制台直接运行这些脚本。例如执行 yarn run dev，结果如下：

```
PS D:\WorkSpace\node_mongodb_vue3_book\codes\chapter1\v3-admin-vite-main> yarn run dev
yarn run v1.22.10
$ vite

  VITE v4.4.9  ready in 2909 ms

  ➜  Local:   http://localhost:3333/
  ➜  Network: http://192.168.0.108:3333/
  ➜  press h to show help
```

步骤03 直接按住 Ctrl 键并单击链接，就可以访问已运行的项目；或者复制这个地址，在浏览器中运行。

如果不想关闭或者中断当前运行的项目，而又需要在这个控制台终端执行新的任务，我们可以通过菜单栏再新开一个 Terminal，或者直接单击如图 1-16 所示的快捷图标进行操作。

图 1-16

1.5.4　Visual Studio Code 配置

在 IDE 的菜单栏中依次单击"File"→"Preferences"→"Settings",可以对 Visual Studio Code 进行可视化的配置,如图 1-17 所示。

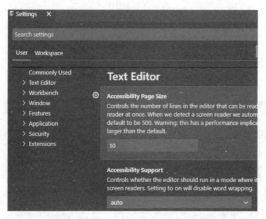

图 1-17

也可以通过 Ctrl+Shift+P 快捷键打开 JSON 配置文件 settings.json,直接在配置文件中进行配置,如图 1-18 和图 1-19 所示。

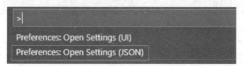

图 1-18

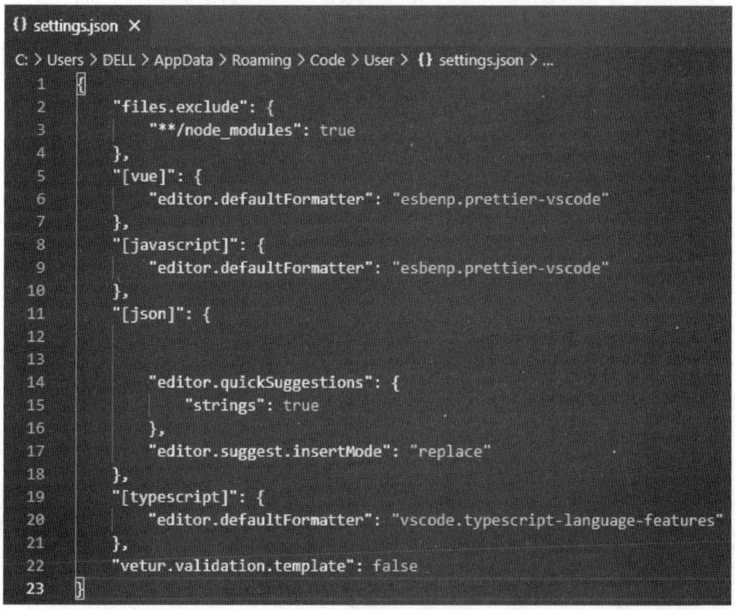

图 1-19

其实，当我们通过可视化的界面进行配置时，也会相应地修改 settings.json 配置文件。

1.5.5 搜索

在 Visual Studio Code 中进行搜索，有全局搜索和当前页面搜索两种方式。

1. 全局搜索

如图 1-20 所示，先单击左侧的搜索图标，然后输入内容，就可以进行全局模糊查找。当我们单击查找列表中的记录时，可以自动定位并打开查找到的文件。

图 1-20

2. 当前页面搜索

在当前页面按 Ctrl+F 快捷键可直接在页面中进行搜索，如图 1-21 所示。

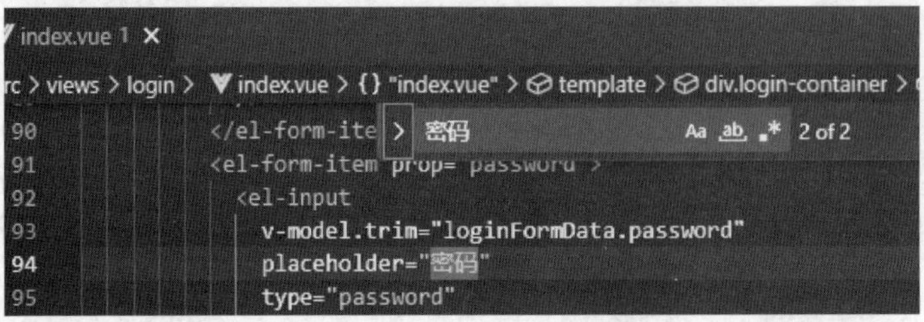

图 1-21

第 2 章 模块加载及第三方包

本章将深入探讨模块加载以及第三方包的使用。

首先,将探讨 Node.js 模块化开发,包括 JavaScript 开发弊端、模块化和 Node.js 中模块化开发规范,还会详细比较 exports 和 module.exports 的区别,并介绍如何使用 require 优先从缓存加载。然后,将深入介绍系统模块,包括系统模块 fs 文件操作、系统模块 path 路径操作以及相对路径和绝对路径的比较。接下来,将引导读者了解第三方模块的使用,包括如何获取第三方模块、npm 和 yarn 的使用方法,以及介绍一些常用的第三方模块,如 nrm、nodemon、gulp 等。最后,会讨论 package.json 文件,包括 node_modules 目录的问题、package.json 文件的作用以及项目依赖和开发依赖的管理。此外,还会详细解释 package.json 文件各个选项的含义,以及 package-lock.json 文件和 yarn.lock 文件的作用。

通过学习本章内容,读者将掌握 Node.js 中模块的加载机制,了解模块化开发以及第三方包的应用,为实际项目开发打下坚实的基础。

本章学习目标

- 能够使用模块导入和导出方法
- 能够使用基本的系统模块
- 能够使用常用的第三方包
- 能够说出模块的加载机制
- 能够知道 package.json 文件的作用
- 能够熟悉 Node.js 模块加载机制

2.1 Node.js 模块化开发

本节主要介绍什么是模块化开发,以及如何使用模块化开发。

2.1.1 JavaScript 开发弊端

JavaScript 在使用时存在两大问题:文件依赖和命名冲突。

假设存在如图 2-1 所示的依赖关系。

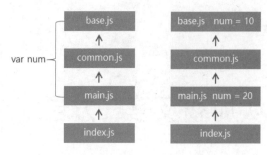

图 2-1

index.js 引用了 main.js，main.js 引用了 common.js，common.js 引用了 base.js。在 base.js 和 main.js 中都存在同一个变量 num，此时就会出现命名冲突。为了解决这个问题，Node.js 使用了模块化开发。

2.1.2 模块化

日常生活中的模块化，一个常见的例子就是计算机主机，它由主板、CPU、风扇、内存条、连接线等不同的元器件组成，这些模块组成主机，如图 2-2 所示。

图 2-2

软件中的模块化开发，就是将一些独立的功能进行抽取和封装，从而实现复用的目的。一个功能就是一个模块，多个模块可以组成完整的应用，抽离一个模块不会影响其他功能的运行，如图 2-3 所示。

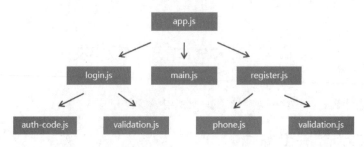

图 2-3

2.1.3　Node.js 中模块化开发规范

Node.js 规定，一个 JavaScript 文件就是一个模块，模块内部定义的变量和函数默认情况下在外部无法得到。模块内部可以使用 exports 对象导出成员，然后使用 require 方法导入其他外部模块。

在 Node.js 中，每个模块都有自己的作用域，不存在全局作用域，这意味着只能通过 require 方法来加载和执行多个 JavaScript 脚本文件。

1）模块成页的导出——exports

模块之间是完全封闭的：外部无法访问内部，内部也无法访问外部。模块作用域固然带来了一些好处——可以加载和执行多个文件，可以完全避免变量命名冲突和全局命名污染的问题，但是某些情况下，模块与模块之间是需要进行通信的。为此，Node.js 在每个模块中都提供了一个 exports 对象，该对象默认是一个空对象。我们只需把需要被外部访问和使用的成员手动挂载到 exports 接口对象上，外部模块就可以通过 require 这个模块来得到模块内部的 exports 接口对象。

exports 是一个空对象（{}），它被 Node.js 初始化为一个空对象引用，然后赋值给 module.exports。因此，通过 exports 导出内容，实际上是在修改 module.exports 的属性，而不是直接修改 exports 本身。这就意味着我们可以添加属性到 exports，但不能直接将 exports 重新赋值为一个新的对象。示例如图 2-4 所示。

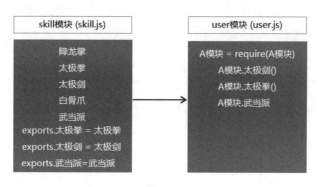

图 2-4

上图中 skill.js 示例代码如下：

```
const xiangLong = () => {
  console.log('降龙掌');
};
// 在模块内部定义方法
const taijiQuan = () => {
  console.log('太极拳');
};
const taijiJian = () => {
  console.log('太极剑');
};
const baiguZhua = () => {
  console.log('白骨爪');
};
// 在模块内部定义变量
const wudang = '武当派';
```

```javascript
// 向模块外部导出数据
exports.taijiQuan = taijiQuan;
exports.taijiJian = taijiJian;
exports.wudang = wudang;
```

user.js 代码如下：

```javascript
// 在 user.js 模块中导入模块 skill
const skill = require('./skill');
// 调用 skill 模块中的 taijiJian 方法
skill.taijiJian();
// 调用 skill 模块中的 taijiQuan 方法
skill.taijiQuan();
// 输出 skill 模块中的 wudang 变量
console.log(skill.wudang);
```

> **说　　明**
>
> 在当前文件 user.js 中导入的实际上是 skill 模块中的 exports 对象。

在控制台执行命令 node user.js，结果如下：

```
D:\WorkSpace\node_mongodb_vue3_book\codes\chapter2\js> node user.js
太极剑
太极拳
武当派
```

如果我们执行如下命令：

```javascript
skill.xiangLong();
```

会出现如下错误：

```
skill.xiangLong is not a function
```

因为 skill 模块的 xiangLong 对象并没有导出，所以其他模块无法访问。

2）模块成员导出的另一种方式——module.exports

exports 是 module.exports 的一个引用（地址引用关系），当 exports 对象和 module.exports 对象指向的不是同一个对象时，导出对象最终以 module.exports 为准。module.exports 是真正被导出的对象。例如：

```javascript
// 另一种方式
module.exports.taijiQuan = taijiQuan;
module.exports.taijiJian = taijiJian;
module.exports.wudang = wudang;
```

3）通过对象赋值的形式进行导出

除了使用"exports.变量"的形式进行导出之外，我们还可以通过对象赋值的形式进行导出。当使用 require() 导入模块时，返回的是 module.exports 对象。如果需要导出单个函数或对象，可以直接对 module.exports 进行赋值。例如：

```javascript
module.exports = {
```

```
  taijiQuan,    // 同名的时候可以简写
  taijiJian: taijiJian,
  wudang: wudang,
};
```

2.1.4　exports 和 module.exports 的区别

每个模块中都有一个 module 对象，而 module 对象中又有一个 exports 对象，我们可以把需要导出的成员都挂载到 module.exports 对象中，也就是"module.exports.xx=xx"的方式。但是，每次都使用 module.exports.xx=xx 太麻烦了，所以 Node.js 为了方便，在每一个模块中都提供了一个成员——exports。

exports===module.exports 的结果为 true。

因此，对于 module.exports.xx=xx 的方式，完全可以用 exports.xx=xx 来代替。

然而，当一个模块需要直接导出单个成员而非挂载时，必须使用 module.exports=xxx 的方式，此时使用 exports=xx 是不管用的。因为每个模块最终向外返回的是 module.exports，而 exports 只是 module.exports 的一个引用。所以即为 exports=xx 重新赋值，也不会影响 module.exports。例如：

```
function add(a, b) {
  return a + b;
}

// 错误的方式
exports = add;
// 正确的方式
module.exports = add;
```

但是有一种比较特殊的赋值方式：exports=module.exports，它可以用来重新建立引用关系。例如：

```
module.exports = {
  skill: '百步飞剑',
};

// 重新建立 exports 和 module.exports 之间的引用关系
exports = module.exports;
exports.name = '盖聂';
```

综上所述，exports 和 module.exports 的区别如下：

- module.exports 初始值为一个空对象{}。
- exports 是 module.exports 的引用。
- require()返回的是 module.exports 而不是 exports。
- module.exports 被改变的时候，exports 不会被改变。

总结：一般情况下，如果只需要导出单个函数或对象，推荐使用 module.exports，因为这样可以直接赋值给一个新的对象，而不仅仅是修改 exports 的属性。但如果希望导出多个属性和方法，可以直接修改 exports 对象。总之，它们的目的都是将模块内部的内容暴露给外部其他模块以供使用。

2.1.5　require 优先从缓存加载

require 加载模块的时候，会优先从缓存加载，如果缓存中已经存在，则不会重复加载，可以获取已加载模块的接口对象，但是不会重复执行里面的代码。这样做的目的是避免重复加载，提高模块加载效率。

下面来看一个示例。新建 a.js 文件，代码如下：

```
console.log('a.js 被加载了');
var fn = require('./b');
console.log(fn);
```

新建 b.js 文件，代码如下：

```
console.log('b.js 被加载了')
module.exports = function () {
  console.log('我是大 B')
}
```

新建调用文件 index.js，代码如下：

```
require('./a');
// 由于在 a 中已经加载过 b 了
// 所以这里不会重复加载 b
var fn = require('./b');
console.log(fn);
```

执行 index.js 文件，结果如下：

```
a.js 被加载了
b.js 被加载了
[Function]
[Function]
```

2.2　系统模块

2.2.1　什么是系统模块

由于 Node.js 运行环境提供的 API 都是以模块化的方式进行开发的，因此它们又被称为系统模块。系统模块是由 Node.js 提供的一个个具名模块，它们都有自己的特殊名称标识，例如：

- fs：文件操作模块。
- http：网络服务构建模块。
- os：操作系统信息模块。
- path：路径处理模块。

所有核心模块都必须先手动使用 require 方法来加载，然后才可以使用，如图 2-5 所示。

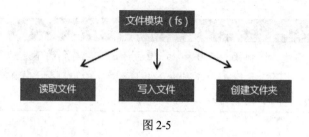

图 2-5

2.2.2 系统模块 fs 文件操作

浏览器中的 JavaScript 是没有文件操作能力的，但是 Node.js 中的 JavaScript 具有文件操作的能力。

在 Node.js 中如果想要进行文件操作，就必须引入 fs 这个核心模块。

fs 是 file-system 的简写，就是文件系统的意思。在 fs 这个核心模块中，提供了所有与文件操作相关的 API。

fs 的引用方式：const fs = require('fs')。

1. 读取文件内容

代码格式如下：

fs.readFile('文件路径/文件名称'[,'文件编码'], callback);。

参数说明：

- 第一个参数是文件路径。
- 第二个参数是文件编码，方括号表示该参数是可选参数。
- 第三个参数是回调函数。

下面来看一个示例。新建测试文件 hello-china.js，代码如下：

```
var msg = '中国，你好';
console.log(msg);
```

新建 read-file.js，代码如下：

```
// 1.通过模块的名字 fs 对模块进行引用
const fs = require('fs');

// 2.通过模块内部的 readFile 读取文件内容，res 是文件读取的结果
fs.readFile('./hello-china.js', 'utf8', (err, res) => {
  // 如果文件读取出错，err 则是一个包含错误信息的对象
  // 如果文件读取正确，err 则是 null
  console.log(err);
  console.log(res);
  console.log(res.toString());
});
```

> **说　明**
>
> 文件中存储的其实都是二进制数，即 0 和 1，但为什么这里看到的不是 0 和 1 呢？原因是二进制数转为十六进制数了。无论是二进制的 0 和 1 还是十六进制数，人们通常都不认识，我们可以通过 toString 方法将它们转为能认识的字符。

执行 node read-file.js，结果如下：

```
D:\WorkSpace\node_mongodb_vue3_book\codes\chapter2\js> node read-file.js
null
var msg = '中国，你好';
console.log(msg);
```

2. 写入文件内容

代码格式如下：

fs.writeFile('文件路径/文件名称', '数据', callback);。

参数说明：

- 第一个参数是文件路径。
- 第二个参数是文件内容。
- 第三个参数是回调函数。

下面来看一个示例。新建文件 write-file.js，代码如下：

```
const fs = require('fs');

fs.writeFile('./file.txt', '阳顶天-大九天手', (err) => {
  if (err != null) {
    console.log(err);
    return;
  }
  console.log('文件内容写入成功');
});
```

> **注　意**
>
> 如果文件 file.txt 不存在，会自动创建一个 file.txt 文件。

执行 node write-file.js 后，文件 file.txt 的内容如下：

```
阳顶天-大九天手
```

我们不需要全部记住 Node.js 中的 API 模块内容，只需要知道有哪些模块，到要用的时候，可以去查 API 文档。以下是 API 在线文档地址：

- 官网英文版：https://nodejs.org/dist/latest-v12.x/docs/api/。
- 中文版：http://nodejs.cn/api/。

2.2.3 系统模块 path 路径操作

在编写跨平台的应用程序时,需要进行路径拼接的原因是不同操作系统中文件路径的表示方式不同。例如,在 Windows 操作系统中,路径通常使用反斜杠(\)作为目录分隔符,而在 Linux 或 macOS 中,路径使用正斜杠(/)作为分隔符。为了确保代码的可移植性和避免潜在的错误,在使用 Node.js 等编程环境时,建议使用内置的路径处理模块(如 Node.js 的 path 模块)来进行路径拼接。这样可以保证路径在不同操作系统上都能正确工作,无须手动处理这些差异。

path 模块包含一系列处理和转换文件路径的工具集,通过 require('path') 可以访问这个模块。

路径拼接语法:path.join('路径', '路径', ...)。

下面来看一个示例。新建文件 path.js,代码如下:

```
// 导入 path 模块
const path = require('path');
// 路径拼接
const finalPath = path.join('public', 'uploads', 'avatar');
// 输出结果: public/uploads/avatar
console.log(finalPath);
```

2.2.4 相对路径和绝对路径

大多数情况下使用绝对路径,因为相对路径相对的是 node 命令行工具的当前工作目录。为了尽量避免这个问题,建议将文件操作的相对路径都转为动态的绝对路径。

在读取文件或者设置文件路径时都会选择绝对路径,使用 __dirname 可以获取当前目录所在的绝对路径,使用 __filename 可以动态获取当前文件的绝对路径。

使用方式:path.join(__dirname, '文件名')。

下面来看一个示例。新建文件 relative-absolute.js,代码如下:

```
const fs = require('fs');
const path = require('path');
// D:\WorkSpace\node_mongodb_vue3_book\codes\chapter2\js
console.log(__dirname);
// D:\WorkSpace\node_mongodb_vue3_book\codes\chapter2\js\file.txt
console.log(path.join(__dirname, 'file.txt'));

fs.readFile(path.join(__dirname, 'file.txt'), 'utf8', (err, doc) => {
  console.log(err); // null
  console.log(doc); // 阳顶天-大九天手
});
```

2.3 第三方模块

2.3.1 什么是第三方模块

别人写好的、具有特定功能的、我们能直接使用的模块即为第三方模块。由于第三方模块通常由多个文件组成并被放置在一个目录中，因此又叫包。

第三方模块有两种存在形式：

- 以.js文件的形式存在，提供实现项目具体功能的API接口。
- 以命令行工具形式存在，辅助项目开发。

2.3.2 获取第三方模块

我们可以从https://www.npmjs.com/中获取第三方模块，它是第三方模块的存储和分发仓库。

获取第三方模块主要有npm（node package manager）和yarn两种方式，接下来分别对这两种方式进行讲解。

1. npm

当我们安装Node.js的时候，会自动安装npm工具，它是Node.js的第三方模块管理工具。

由于npm安装插件默认是从国外服务器下载，这可能会受到网络环境的影响，导致下载速度慢并且有时可能会出现连接异常。很多开发者希望能有一个在中国境内的npm服务器以提升安装速度。为了满足这一需求，乐于分享的淘宝团队（属于阿里巴巴旗下的阿里云业务）创建了一个完整的npm镜像。根据官方网站的说法："这是一个完整npmjs.org镜像，你可以用此代替官方版本（只读），同步频率目前为10分钟一次，以保证尽量与官方服务同步。"这意味着开发者可以使用阿里云在中国境内部署的服务器来安装Node.js包，从而获得更快的下载速度和更稳定的服务体验。

1）使用淘宝镜像

（1）使用阿里定制的cnpm命令行工具代替默认的npm，输入下面代码进行安装：

```
npm install -g cnpm --registry=https://registry.npm.taobao.org
```

（2）检测cnpm版本：

```
cnpm -v
```

如果安装成功可以看到cnpm的基本信息。

（3）将淘宝镜像设置成全局的下载镜像：

```
直接在命令行设置
npm config set registry https://registry.npm.taobao.org
```

配置后可以通过下面方式来验证是否成功：

```
npm config get registry
```

如果看到运行结果是：

```
C:\Users\zouqi>npm config get registry
https://registry.npm.taobao.org/
```

说明我们已经将npm的镜像改为了淘宝镜像。

使用npm下载和卸载模块的命令如下：

- 下载：npm install 模块名称。

- 卸载：npm uninstall package 模块名称。

> **注　意**
>
> 该命令在哪里执行就会把包下载到哪里，默认会下载到 node_modules 目录中。node_modules 会自动生成，我们不要改这个目录，当然也不支持改。

2）全局安装与本地安装

在使用 npm 进行包管理时，添加-g 参数表示全局安装，这通常用于那些提供命令行工具的包。而如果没有添加-g 参数，则默认进行本地安装，这适用于作为项目依赖的库文件。

npm install 和 npm i 命令是等价的，它们都可以用来安装包。

在 npm 版本 5.0.0 之后，--save 参数已经不是必需的，因为默认行为已变为将依赖信息添加到 package.json 文件的 dependencies 部分。这些依赖被视为生产阶段的依赖，意味着它们是项目运行时所必需的，即使在程序上线后也是如此。

--save-dev 或-D 参数用来将包信息添加到 devDependencies 部分。这些依赖是在开发阶段需要的，例如测试框架或构建工具，它们不会在生产环境中被安装或使用。

2. yarn

yarn 是由 Facebook、Google、Exponent 和 Tilde 联合推出的一个新的 JS 包管理工具，它具有如下特点：

（1）超级快。yarn 缓存了每个下载过的包，所以再次使用时无须重复下载；同时利用并行下载以最大化资源利用率，因此安装速度更快。

（2）超级安全。在执行代码之前，yarn 会通过算法校验每个安装包的完整性。

（3）超级可靠。使用详细、简洁的锁文件格式和明确的安装算法，yarn 能够保证在不同系统上无差异地工作。

yarn 的安装示例如下：

```
yarn 安装
npm install -g yarn

查看 yarn 版本
yarn -version 或者 yarn -v

yarn 设置淘宝镜像
yarn config set registry https://registry.npm.taobao.org -g

yarn 换成原来的镜像
yarn config set registry http://registry.npmjs.org/
```

yarn 常用命令如下：

（1）初始化项目：

```
yarn init  // 同 npm init，执行输入信息后，会生成 package.json 文件
```

（2）安装包：

```
yarn install  // 安装package.json里的所有包,并将包及其所有依赖项保存进 yarn.lock
yarn add [package]  // 在当前的项目中添加一个依赖包,会自动更新到 package.json 和 yarn.lock 文件
中
// 不指定依赖类型时默认安装到 dependencies 里,当然也可以指定依赖类型
yarn add --dev/-D  // 安装到 devDependencies
```

(3)运行脚本:

```
yarn run 脚本名称
```

例如 yarn run dev,用来执行在 package.json 中 scripts 属性下定义的脚本。

3. npm 和 yarn 的区别

1)npm

用过 npm 的都知道,npm 装包非常慢,即使使用了镜像也还是很慢。当我们删除 node_modules 再重新安装的时候更是慢得难以接受。有时同一个项目在安装的时候也无法保持一致性。

npm5 之后做了一些改进。

- 新增了类似 yarn.lock 的 package-lock.json。
- git 依赖支持优化:这个特性在需要安装大量内部项目(例如没有自建源的内网开发)或需要使用某些依赖的未发布版本时很有用。在 npm5 之前可能需要使用指定 commit_id 的方式来控制版本。
- 文件依赖优化:在之前的版本,如果将本地目录作为依赖来安装,将会把文件目录作为副本复制到 node_modules 中,而在 npm5 中,将改为使用创建 symlinks 的方式来实现(使用本地 tarball 包除外),不再执行文件拷贝,这将会提升安装速度。目前 yarn 还不支持该功能。

通过以上一系列改进,npm5 在速度和使用上确实有了很大提升,值得尝试,不过它还是没有超过 yarn。

2)yarn

yarn 的优点如下:

- 速度快。
- 并行安装:无论 npm 还是 yarn 在执行包的安装时,都会执行一系列任务。npm 是按照队列执行每个 package,也就是说必须等到当前 package 安装完成之后,才能继续后面的安装。而 yarn 是同步执行所有任务,因而提高了性能。
- 离线模式:如果之前已经安装过一个软件包,用 yarn 再次安装时可以直接从缓存中获取,而不用像 npm 那样再次从网络下载。
- 安装版本统一:为了防止拉取到不同的版本,yarn 提供了一个锁定文件(lock file),用来记录被确切安装上的模块的版本号。每次只要新增了一个模块,yarn 就会创建(或更新)yarn.lock 这个文件。这么做就保证了每一次拉取同一个项目依赖时,使用的都是一样的模块版本。npm 其实也有办法实现处处使用相同版本的 packages,但需要开发者执行 npm shrinkwrap 命令。这个命令将会生成一个锁定文件,在执行 npm install 的时候,该锁定文件会先被读取,这和 yarn 读取 yarn.lock 文件的原理相同。npm 和 yarn 两者的不同之处在于,yarn 默认会生成这样的锁定文件,而 npm 要通过 shrinkwrap 命令生成 npm-shrinkwrap.json 文件,只有当这个文件存在

的时候，packages 版本信息才会被记录和更新。
- 更简洁的输出：npm 的输出信息比较冗长。在执行 npm install<package>的时候，命令行里会不断地打印出所有被安装上的依赖。相比之下，yarn 简洁太多：默认情况下，yarn 结合 emoji 直观且直接地打印出必要的信息，此外也提供了一些命令供开发者查询额外的安装信息。
- 多注册来源处理：所有的依赖包，不管它被不同的库间接关联引用多少次，在安装这个包时，都只会从一个注册来源去安装，要么是 npm 要么是 bower，防止出现混乱不一致。
- 更好的语义化：yarn 改变了一些 npm 命令的名称，比如 yarn add/remove，感觉上比 npm 原本的 install/uninstall 要更清晰。yarn 和 npm 命令的对比如表 2-1 所示。

表 2-1 yarn 与 npm 命令对比

命 令	yarn	npm
安装依赖	yarn	npm install
安装模块	yarn add xx	npm install xx --save
安装模块-开发依赖	yarn add xx -D	npm install xx -D
删除模块	yarn remove xx	npm uninstall xx --save
更新模块	yarn upgrade	npm update --save
全局安装	yarn global add xx	npm i xx -g

> **注 意**
>
> 在同一个项目中，安装包的方式应尽量统一，要么都使用 npm，要么都使用 yarn。鉴于 yarn 的优势，建议采用 yarn 来安装第三方模块（包）。

2.3.3 第三方模块 nrm

除了 2.3.2 节中介绍的使用淘宝镜像替代 npm 镜像外，我们还可以使用 nrm（npm registry manager，npm 下载地址切换工具）模块来切换 npm 的下载地址。

nrm 的使用步骤如下：

步骤 01 使用 npm install nrm -g 下载并安装 nrm。

步骤 02 使用 nrm ls 查询可用下载地址列表。

步骤 03 使用 nrm use 下载地址名称切换 npm 下载地址。

在 npm 之后又出现了 cnpm 和 pnpm，有兴趣的读者可以自行去了解一下。

2.3.4 第三方模块 nodemon

在 Node.js 中，每次修改文件后都要在命令行工具中重新执行该文件，使用起来非常烦琐。

nodemon 是一个用于开发环境的 Node.js 应用程序监视器，它可以在代码发生更改时自动重启应用程序，免去了手动重新启动服务器的麻烦。nodemon 的使用步骤如下：

步骤 01 使用 yarn global add nodemon 或者 npm install nodemon -g 下载并安装 nodemon。

注意：通过 yarn 进行全局安装时，默认 yarn 的目录并不在环境变量中，需要手动将路径添加到环境变量中。首先执行命令 yarn global bin 获取到 yarn 的全局安装包路径，如下所示。

```
C:\Users\DELL>yarn global bin
warning package.json: No license field
C:\Program Files\nodejs\node_global\bin
```

然后将路径"C:\Program Files\nodejs\node_global\bin"添加到环境变量中。需要注意的是，修改了环境变量之后，要重新打开 CMD 命令窗口，这样才会在命令窗口中生效。

步骤 02 在命令行工具中用 nodemon 命令替代 node 命令执行文件。

输入 nodemon user.js，运行结果如下：

```
D:\WorkSpace\node_mongodb_vue3_book\codes\chapter2\js> nodemon user.js
[nodemon] 3.0.1
[nodemon] to restart at any time, enter `rs`
[nodemon] watching path(s): *.*
[nodemon] watching extensions: js,mjs,cjs,json
[nodemon] starting `node user.js`
太极剑
太极拳
武当派
[nodemon] clean exit - waiting for changes before restart
```

nodemon 将会监视文件变化并自动重启应用程序，这样就可以实时查看修改后的效果，从而提高开发效率。

2.3.5 第三方模块 gulp

gulp 是基于 Node.js 平台开发的前端自动化构建工具，它可以将机械化操作编写成任务，当想要执行机械化操作时，执行一个命令行命令，任务就能自动执行了。用机器代替手工，提高了开发效率。

官方对 gulp 的描述是"用自动化构建工具增强你的工作流程！"。

官网地址：https://www.gulpjs.com.cn/。

1. gulp 能做什么

- 项目上线，HTML、CSS、JS 文件压缩合并。
- 语法转换（ES 6、LESS、SCSS……）。
- 公共文件抽离。
- 文件修改后浏览器自动刷新。

为了提升项目的加载速度，发布到线上的项目通常都会进行代码压缩合并。

尽管 ES 6 已经出现很多年了，但是浏览器并没有对它进行很好的兼容，如果想要 ES 6 及以上语法编写的代码能够很好地在浏览器上运行，就必须转换为 ES 5 语法。LESS、SCSS 等预编译 CSS，浏览器默认也是不支持的，必须转换为 CSS 样式才能被浏览器支持。

当我们在各种代码编辑器中编写前端代码的时候，浏览器并不会自动刷新，此时如果我们修改代码，在浏览器上就能够自动刷新，看到最新的效果，这无疑将大大提升开发效率。

所有的这一切，gulp 都能够帮我们实现。

2. gulp 和 webpack、vite 的区别

gulp 是基于流（Stream）的自动化构建工具。

webpack 是文件打包工具，可以把项目的各种 JS、CSS 文件等打包合并成一个或多个文件，主要用于模块化方案、预编译模块的方案。

vite 是一个基于 ES 模块的开发服务器，旨在提供快速的开发体验，特别适用于现代的前端框架（如 Vue、React）。

总结：gulp 和 webpack/vite 不是同一类工具，不具有可比性，更不冲突。gulp 适用于各种类型的项目，webpack 在构建复杂应用时更为强大，而 vite 则专注于提供快速的开发体验。

3. gulp 的使用

gulp 的使用步骤如下：

步骤 01 使用 npm install gulp -g 下载 gulp 库文件，并全局安装。

步骤 02 检查 npx 是否正确安装。

运行 npx -v，结果如下：

```
C:\Users\DELL>npx -v
9.6.7
```

步骤 03 使用 yarn global add gulp-cli 或者 npm install --global gulp-cli。安装 gulp 命令行工具。

步骤 04 创建项目目录并进入目录：

```
npx mkdirp my-project 或者 mkdir gulp-demo
cd gulp-demo
D:\WorkSpace\node_mongodb_vue3_book\codes\chapter2>mkdir gulp-demo
D:\WorkSpace\node_mongodb_vue3_book\codes\chapter2>cd gulp-demo
D:\WorkSpace\node_mongodb_vue3_book\codes\chapter2\gulp-demo>
```

步骤 05 在项目目录下创建 package.json 文件（通过命令 npm init 来创建，不需要手动创建）。

运行命令 npm init，结果如下：

```
D:\WorkSpace\node_mongodb_vue3_book\codes\chapter2\gulp-demo>npm init
This utility will walk you through creating a package.json file.
It only covers the most common items, and tries to guess sensible defaults.

See `npm help init` for definitive documentation on these fields
and exactly what they do.

Use `npm install <pkg>` afterwards to install a package and
save it as a dependency in the package.json file.

Press ^C at any time to quit.
package name: (gulp-demo)
version: (1.0.0)
description:
```

```
entry point: (index.js)
test command:
git repository:
keywords:
author:
license: (ISC)
About to write to D:\WorkSpace\node_mongodb_vue3_book\codes\chapter2\gulp-demo\package.json:

{
  "name": "gulp-demo",
  "version": "1.0.0",
  "description": "",
  "main": "index.js",
  "scripts": {
    "test": "echo \"Error: no test specified\" && exit 1"
  },
  "author": "",
  "license": "ISC"
}
Is this OK? (yes) yes
```

上述命令将指引我们设置项目名称、版本、描述信息等。我们不断按回车键，设置默认值，最终会在 gulp-demo 目录下生成一个 package.json 文件。

步骤06 安装 gulp，作为开发时的依赖项：

```
yarn add gulp -D 或者 npm install --save-dev gulp
```

使用 gulp –version 检查 gulp 版本：

```
PS D:\node_mongodb_vue3_book_write\codes\chapter2\gulp-demo> gulp -version
CLI version: 2.3.0
Local version: 4.0.2
```

步骤07 在项目根目录下建立 gulpfile.js 文件，这个文件的名称不能更改。

步骤08 重构项目的目录结构，src 目录中放置源代码文件，dist 目录中放置构建后的文件。

步骤09 在 gulpfile.js 文件中编写任务（task），并输入如下测试代码：

```
function defaultTask(cb) {
    // 这里执行默认任务
    cb();
}
exports.default = defaultTask
```

步骤10 在命令行工具中执行 gulp 任务，在项目根目录下执行 gulp 命令：

```
PS D:\node_mongodb_vue3_book_write\codes\chapter2\gulp-demo> gulp
[15:40:42] Using gulpfile D:\node_mongodb_vue3_book_write\codes\chapter2\gulp-demo\gulpfile.js
[15:40:42] Starting 'default'...
[15:40:42] Finished 'default' after 2.73 ms
```

```
PS D:\node_mongodb_vue3_book_write\codes\chapter2\gulp-demo>
```

默认任务将执行,因为任务为空,所以没有实际动作。

如需运行多个任务,可以执行 gulp<task><othertask>。

4. gulp 中提供的方法

gulp 中提供的方法如下:

- gulp.src():获取任务要处理的文件。
- gulp.dest():输出文件。
- gulp.task():建立 gulp 任务。
- gulp.watch():监控文件的变化。

5. gulp 插件

gulp 插件如下:

- gulp-htmlmin:HTML 文件压缩。
- gulp-csso:压缩 CSS。
- gulp-babel:JavaScript 语法转换。
- gulp-less:LESS 语法转换。
- gulp-uglify:压缩混淆 JavaScript。
- gulp-file-include:公共文件包含。
- browsersync:浏览器实时同步。

插件的使用步骤:①安装插件;②引入插件;③调用。

> **说 明**
>
> gulp 的插件非常多,我们只需要记住一些常用插件的名字和用途就可以了,具体要用到的时候,再去查看文档。插件的使用方法不需要全部记下来,事实上,我们也很难全部记住。

接下来,我们通过一个示例来演示如何将 gulp 提供的方法和 gulp 插件结合使用。

(1)在 gulp-demo 目录下新建目录 src 和 disc。

src 目录用于存放项目源代码,disc 是源代码编译打包后的输出目录。

(2)安装插件。

输入 cd gulp-demo,进入 gulp-demo 目录,然后依次安装如下插件:

```
yarn add gulp-htmlmin -D
yarn add gulp-csso -D
yarn add gulp-babel -D
yarn add gulp-less -D
yarn add gulp-uglify -D
yarn add gulp-file-include -D
yarn add @babel/core -D
```

或者

```
npm i gulp-htmlmin -D
npm i gulp-csso -D
npm i gulp-babel -D
npm i gulp-less -D
npm i gulp-uglify -D
npm i gulp-file-include -D
npm i @babel/core -D
```

插件安装完成之后，会在package.json文件中新增相应的插件依赖信息，代码如下：

```
"devDependencies": {
    "gulp-babel": "^8.0.0",
    "gulp-csso": "^4.0.1",
    "gulp-htmlmin": "^5.0.1",
    "gulp-less": "^5.0.0",
    "gulp-uglify": "^3.0.2"
}
```

（3）准备项目代码。

这里为了演示方便，笔者从mui中复制一个login的项目源代码过来，全部放到src目录下。

mui官网地址：https://dev.dcloud.net.cn/mui/。

最终的代码目录结构如图2-6所示。

图2-6

（4）在gulpfile.js文件中创建任务，代码如下：

```
// 1.引用gulp模块
const gulp = require('gulp');
// 2.引入其他模块
const htmlmin = require('gulp-htmlmin');
const fileinclude = require('gulp-file-include');
const less = require('gulp-less');
const csso = require('gulp-csso');
const babel = require('gulp-babel');
const uglify = require('gulp-uglify');
//3. 使用gulp.task建立任务
```

```javascript
// 参数1：任务的名称
// 参数2：任务的回调函数
gulp.task('first', () => {
  console.log('第一个gulp任务执行了');
  // 使用gulp.src获取要处理的文件
  gulp.src('./src/css/feedback-page.css').pipe(gulp.dest('dist/css'));
});

// HTML任务
// 1.HTML文件中代码的压缩操作
// 2.抽取HTML文件中的公共代码
gulp.task('htmlmin', async () => {
  await gulp
    .src('./src/*.html')
    .pipe(fileinclude()) // 抽取HTML文件中的公共代码
    // 压缩HTML文件中的代码，collapseWhitespace表示是否压缩代码中的空格
    .pipe(htmlmin({ collapseWhitespace: true }))
    .pipe(gulp.dest('dist'));
});

// CSS任务
// 1.LESS语法转换
// 2.CSS代码压缩
gulp.task('cssmin', async () => {
  // 选择css目录下的所有LESS文件以及CSS文件
  await gulp
    .src(['./src/css/*.less', './src/css/*.css'])
    // 将LESS语法转换为CSS语法
    .pipe(less())
    // 将CSS代码进行压缩
    .pipe(csso())
    // 将处理的结果进行输出
    .pipe(gulp.dest('dist/css'));
});
// JS任务
// 1.ES 6代码转换
// 2.代码压缩
gulp.task('jsmin', async () => {
  await gulp
    .src('./src/js/*.js')
    .pipe(
      babel({
        // 它可以判断当前代码的运行环境，然后将代码转换为当前运行环境所支持的代码
        presets: ['@babel/env'],
      })
    )
    .pipe(uglify()) // 代码混淆
    .pipe(gulp.dest('dist/js'));
});
// 复制目录
```

```
gulp.task('copy', async () => {
await gulp.src('./src/images/*').pipe(gulp.dest('dist/images'));
await gulp.src('./src/libs/*').pipe(gulp.dest('dist/libs'));
});
// 构建任务
gulp.task('default', gulp.series('htmlmin', 'cssmin', 'jsmin', 'copy'));
```

> **说　明**
>
> 为了演示 LESS 文件样式转换，将 css 目录下的 style.css 文件重命名为 style.less。

抽取 login.html 中的公共代码，剪切 login.html 中的 header 节点，在 src 目录下新建目录 common，在 common 下新建 header.html，将剪切的代码复制到 header.html 中去，代码如下：

```
<header class="mui-bar mui-bar-nav">
    <h1 class="mui-title">登录</h1>
</header>
```

然后在 login.html 引入公共代码：

```
@@include('./common/header.html')
```

"node+文件"的方式执行的是文件本身，而这里我们想要执行的是文件中的任务，就要采用"gulp+任务名"的方式。执行 gulp 命令的时候，会自动在当前根目录下查找 gulpfile.js 文件，然后去这个文件中查找相应的任务名，如果 gulp 后面没有指定任何任务名，那么默认会去 gulpfile.js 中查找任务名为 default 的任务进行执行。

gulp 的 pipe 方法是来自 nodejs stream API 的，并不是 gulp 本身源代码所定义的。pipe 跟它字面意思一样只是一个管道，它传入方法的是一个 function，这个 function 的作用是接收上一个流的结果，并返回一个处理后的流的结果（返回值应该是一个 stream 对象）。

运行结果如下：

```
D:\WorkSpace\node_mongodb_vue3_book_write\codes\chapter2\gulp-demo>gulp
[22:31:38] Using gulpfile D:\WorkSpace\node_mongodb_vue3_book_write\codes\chapter2\gulp-demo\gulpfile.js
[22:31:38] Starting 'default'...
[22:31:38] Starting 'htmlmin'...
[22:31:38] Finished 'htmlmin' after 12 ms
[22:31:38] Starting 'cssmin'...
[22:31:38] Finished 'cssmin' after 5.64 ms
[22:31:38] Starting 'jsmin'...
[22:31:38] Finished 'jsmin' after 4.18 ms
[22:31:38] Starting 'copy'...
[22:31:38] Finished 'copy' after 4.9 ms
[22:31:38] Finished 'default' after 37 ms

D:\WorkSpace\node_mongodb_vue3_book_write\codes\chapter2\gulp-demo>
```

查看 dist 目录下的代码文件，可以发现代码已经进行了压缩、混淆、LESS 转 CSS、抽取 HTML 公共代码。访问 dist 目录下的 login，结果如图 2-7 所示，已自动添加了 header.html 中的内容。

图 2-7

2.3.6 npx

npx 是执行 Node.js 软件包的工具，它从 npm5.2 版本开始，就与 npm 捆绑在一起。

npx 的作用如下：

（1）默认情况下，npx 首先检查本地项目的 node_modules/.bin/ 目录中是否存在要执行的包。

（2）如果存在，就执行。

（3）如果不存在，意味着尚未安装该软件包，npx 就将安装其最新版本，然后执行。

这是 npx 的默认行为之一，但它具有可被阻止的标志。例如，npx some-package --no-install 表示 npx 仅执行 some-package，如果之前未安装，则不安装。

使用 npx 的好处是再也不需全局安装任何工具，只需要 npx<commang>。

全局安装具有以下劣势：

（1）占用本机空间。

（2）npm 会在 machine 上创建一个目录（mac 是/usr/local/lib/node_modules），用来存放所有全局安装的包，而 node_module 占用的空间是比较大的。

（3）会有版本问题。假如一个项目中的某一个 dependency 是全局安装的，也就意味着不同的开发人员使用的这个 dependency 的版本完全基于本地的版本，就会导致不同的开发人员使用不同的版本。而在执行 npx<command>的时候，npx 会做什么事情呢？它帮我们在本地（可以是项目中的也可以是本机的）寻找这个 command，如果找到了，就用本地的版本；如果没找到，就直接下载最新版本，完成命令要求，使用完之后不会在本机或者项目中留下任何东西。

因此，npx 具有以下优势：

- 不会污染本机。
- 永远使用最新版本的 dependency。

2.4　package.json 文件

本节主要介绍 package.json 文件的作用及文件中各个选项的含义。

2.4.1　node_modules 目录的问题

虽然目前我们只安装了几个包，但是打开 node_modules 这个目录，会发现里面包含了 gulp-demo 项目 gulp 的所有依赖包，如图 2-8 所示。

图 2-8

目录中存在以下问题：

- 目录以及文件过多、过碎，当我们将项目整体复制给别人的时候，传输速度会很慢。
- 复杂的模块依赖关系需要被记录，以确保模块的版本和当前的保持一致，否则会导致当前项目运行报错。

要解决上述问题，就需要 package.json 文件。

2.4.2　package.json 文件的作用

package.json 包描述文件相当于产品的说明书，它记录了当前项目信息，例如项目名称、版本、作者、GitHub 地址、当前项目依赖了哪些第三方模块等。

使用 npm init -y 命令可以快捷生成 package.json 文件。其中，init 是初始化的意思；-y 是 yes 的意思，表示不填写任何信息，全部采用默认配置。

项目依赖的第三方模块分为项目依赖和开发依赖两种。

1. 项目依赖

在项目的开发阶段和线上运营阶段都需要依赖的第三方包，称为项目依赖。

使用 "npm install 包名" 命令下载的文件默认会被添加到 package.json 文件的 dependencies 字段中。

例如：

```
"dependencies": {
  "vue": "^3.0.0",
},
```

2. 开发依赖

在项目的开发阶段需要依赖而线上运营阶段不需要依赖的第三方包，称为开发依赖。

使用 "npm install 包名 --save-dev" 命令将包添加到 package.json 文件的 devDependencies 字段中。

例如：

```
"devDependencies": {
  "gulp": "^4.0.2"
}
```

总结：项目运行必须用到的包应该配置为项目依赖，如果只是开发环境用到（例如压缩、样式转换等）的包，则应该配置为开发依赖。项目依赖中只保留必要的包，这样可以减少生产环境项目包的大小。

建议每个项目都有且只有一个 package.json 文件（存放在项目的根目录）。

2.4.3 package.json 文件中各个选项的含义

package.json 文件就是一个 JSON 对象，该对象的每一个成员就是当前项目的一项设置。

我们以前面 gulp-demo 项目中的 package.json 文件为例：

```
{
  "name": "gulp-demo",
  "version": "1.0.0",
  "description": "",
  "main": "index.js",
  "scripts": {
    "test": "echo \"Error: no test specified\" && exit 1"
  },
  "author": "",
  "license": "ISC",
  "devDependencies": {
    "@babel/core": "^7.23.2",
```

```
    "gulp": "^4.0.2",
    "gulp-babel": "^8.0.0",
    "gulp-csso": "^4.0.1",
    "gulp-file-include": "^2.3.0",
    "gulp-htmlmin": "^5.0.1",
    "gulp-less": "^5.0.0",
    "gulp-uglify": "^3.0.2"
  },
  "dependencies": {

  }
}
```

各个选项的含义说明如下：

- name：项目名称。
- version：项目版本号，版本号遵守"大版本.次要版本.小版本"的格式。
- description：项目描述。
- main：加载的入口文件。require('moduleName')会按照顺序来查找文件，如果前面都找不到模块，最后就会加载这个文件。这个字段的默认值是模块根目录下面的 index.js。
- scripts：指定运行脚本命令的 npm 命令行缩写，比如 test 指定了运行 npm run test 时所要执行的命令。
- author：项目作者。
- license：许可证类型，例如 ISC 许可证是一种开放源代码许可证。
- devDependencies：指定项目开发所需要的模块。
- dependencies：指定项目运行所依赖的模块。

其他属性：

- browser：指定该模块供浏览器使用的版本。可以通过浏览器打包工具 Browserify 知道应该使用哪个版本。
- engines：指明该模块运行的平台，比如 Node.js 的某个版本或者浏览器。
- preferGlobal：布尔类型，表示当用户不将该模块安装为全局模块时（即不用–global 参数），要不要显示警告，默认安装为全局模块。
- style：指定供浏览器使用时，样式文件所在的位置。可以通过样式文件打包工具 parcelify 知道样式文件的打包位置。
- config：用于添加命令行的环境变量。
- bin：用来指定各个内部命令对应的可执行文件的位置。
- private：布尔类型，值为 true 表示 npm 将拒绝发布。通过它可以防止意外发布私有存储库。

2.4.4 package-lock.json 文件的作用

如果使用 npm 安装包，那么对应会生成 package-lock.json 文件。如果使用 yarn 安装包，那么对应生成的是 yarn.lock 文件。这两个文件都用于记录当前项目所依赖的各个包的版本。

对于 package-lock.json 文件，其作用如下：

- 锁定包的版本，确保再次下载时不会因为包版本不同而产生问题。
- 加快下载速度，因为该文件中已经记录了项目所依赖的第三方包的树状结构和包的下载地址，所以重新安装时直接下载即可，不需要做额外的工作。

package-lock.json 的主要目的是确保即使是在不同环境中，使用相同的 package.json 文件也能获得一致的依赖树。这个文件在 npm 5 被引入，因此如果使用 npm 5 或更高版本，就会在项目中看到 package-lock.json 文件，除非明确地禁用了它。有了 package-lock.json 以后，npm 会根据 package-lock.json 里的内容来处理和安装依赖，而不是根据 package.json。因为 package-lock.json 给每个依赖都标明了版本、获取地址和哈希值，使得每次安装都会出现相同的结果，而不用管我们在什么机器上面安装或什么时候安装。

package-lock.json 代码示例如下：

```
{
  "name": "gulp-demo",
  "version": "1.0.0",
  "lockfileVersion": 1,
  "requires": true,
  "dependencies": {
    "ansi-colors": {
      "version": "1.1.0",
      "resolved": "https://registry.npm.taobao.org/ansi-colors/download/ansi-colors-1.1.0.tgz",
      "integrity": "sha1-Y3S03V1HGP884npnGjscrQdxMqk=",
      "dev": true,
      "requires": {
        "ansi-wrap": "0.1.0"
      }
    },
...
```

2.4.5 yarn.lock 的作用

yarn.lock 的作用和 package-lock.json 类似，都是为了锁定唯一版本。官网的描述如下：

"为了跨机器安装得到一致的结果，Yarn 需要比你配置在 package.json 中的依赖列表更多的信息。Yarn 需要准确存储每个安装的依赖是哪个版本。

为了做到这样，Yarn 使用一个你项目根目录里的 yarn.lock 文件。这可以媲美其他像 Bundler 或 Cargo 这样的包管理器的 lockfiles。它类似于 npm 的 npm-shrinkwrap.json，然而他并不是有损的并且它能创建可重现的结果。"

需要注意的是，所有 yarn.lock 文件应该被提交到版本控制系统。yarn.lock 文件是自动生成和自动修改的，我们不应该手动去修改它。

2.5 Node.js 中模块的加载机制

在 Node.js 中，凡是第三方模块都必须通过 npm 或 yarn 来下载，使用的时候可以通过 require('包名')的方式来进行加载。

> **注 意**
> 任意一个第三方包的名字和核心模块的名字都是不一样的。

2.5.1 模块查找规则：当模块拥有路径但没有后缀时

当模块拥有路径但没有后缀时，模块查找规则如下：

（1）require 方法根据模块路径查找模块，如果是完整路径，则直接引入模块。
（2）如果模块后缀省略，先找同名 JS 文件，再找同名 JS 目录。
（3）如果找到了同名目录，则找目录中的 index.js。
（4）如果目录中没有 index.js，就会去当前目录中的 package.json 文件中查找 main 选项中的入口文件。
（5）如果指定的入口文件不存在或者没有指定入口文件，就会报错，最终模块没有被找到。

例如：require('./user.js')和 require('./user')。

2.5.2 模块查找规则：当模块没有路径且没有后缀时

当模块没有路径且没有后缀时，模块查找规则如下：

（1）Node.js 会假设它是系统模块。
（2）Node.js 会去 node_modules 目录中：

- 首先看是否有该名字的 JS 文件。
- 再看是否有该名字的目录。
- 如果是目录，则看里面是否有 index.js。
- 如果没有 index.js，则查看该目录中的 package.json 中的 main 选项，确定模块入口文件。
- 如果都找不到，最后会报错。

例如：require('fs')。
接下来，通过一个示例来演示模块查找规则。

（1）新建目录 module-find-rules，然后在目录下依次添加如图 2-9 所示的结构。
（2）通过命令 cd knife 进入 knife 目录，然后运行 npm

图 2-9

init -y，在该目录下快速生成一个 package.json 文件，接着修改 main 属性，将默认的 index.js 改为 main.js：

```
{
  "name": "knife",
  "version": "1.0.0",
  "description": "",
  "main": "main.js",
  "scripts": {
    "test": "echo \"Error: no test specified\" && exit 1"
  },
  "keywords": [],
  "author": "",
  "license": "ISC"
}
```

knife 目录下，index.js 代码如下：

```
console.log('刀');
```

main.js 代码如下：

```
console.log('刀是什么样的刀，金丝大环刀');
```

sword 目录中 index.js 代码如下：

```
console.log('剑是什么样的剑，闭月羞光剑');
```

user 目录中 index.js 代码如下：

```
console.log('人是什么样的人，飞檐走壁的人');
```

user.js 代码如下：

```
console.log('他是横空出世的英雄');
```

require.js 文件用于模块加载测试，测试代码如下：

```
require('./user.js');
require('./sword');
require('./knife');
```

（3）执行 node require.js，结果如下：

```
PS D:\node_mongodb_vue3_book_write\codes\chapter2\module-find-rules> node require.js
他是横空出世的英雄
剑是什么样的剑，闭月羞光剑
刀是什么样的刀，金丝大环刀
```

第 3 章

HTTP 及 Node 异步编程

本章将引导读者深入了解 HTTP 协议以及 Node.js 中的异步编程。

首先，介绍 C/S、B/S 软件体系结构，以及服务器端基础概念，包括网站的组成、网站服务器、IP 地址、域名、端口、URL 等。然后，将带读者创建 Web 服务器，并详细介绍 HTTP 协议，包括 HTTP 协议的概念、报文、请求报文以及响应报文。我们还会探讨 HTTP 请求与响应处理，涉及请求参数、GET 和 POST 请求参数、路由、静态资源、动态资源等内容。最后，将深入研究 Node.js 中的异步编程，包括同步 API、异步 API、回调函数、Promise 以及异步函数 async 和 await 的使用方法。

通过本章学习，读者将对 HTTP 协议有更深入的了解，并能够灵活运用 Node.js 中的异步编程来处理网络请求，为项目开发提供稳健的支持。

本章学习目标

- 能够知道 C/S、B/S 软件体系结构
- 能够搭建 Web 服务器
- 能够获取 GET、POST 参数
- 能够掌握如何制作路由
- 能够知道同步和异步的概念
- 能够知道回调函数的概念

3.1 C/S、B/S 软件体系结构分析

目前流行的软件体系结构就是 C/S（客户端/服务器模式）和 B/S（浏览器/服务器模式）体系结构，本节对这两种体系结构进行介绍。

1. C/S

C/S 是 Client/Server 的简称。客户端和服务器都是独立的计算机，客户端是面向最终用户的应用程序或一些接口设备，是服务的消耗者，可以简单地将客户端理解为那些用于访问服务器资料的计算机；服务器是一台连入网络的计算机，它负责向其他计算机提供各种网络服务。C/S 体系结构

如图 3-1 所示。

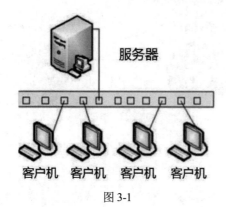

图 3-1

常见的 C/S 应用有微信、QQ、今日头条、抖音、360 杀毒等。

2. B/S

B/S 是 Browser/Server 的简称,是随着 Internet 技术兴起而出现的一种网络结构模式。它将系统大部分的逻辑功能集中到服务器上,客户端只实现极少的事务逻辑,使系统的开发和维护都更简洁。B/S 体系结构如图 3-2 所示。

图 3-2

常见的 B/S 应用有淘宝网、京东商城等。

3. 两者的比较

- C/S 是建立在局域网上的,B/S 是建立在广域网上的。
- C/S 的软件重用性没有 B/S 的好。
- C/S 结构的系统升级困难,要实现升级可能要重新实现一个系统;B/S 结构可以实现系统的无缝升级,维护的开销低,升级简单。
- B/S 结构使用浏览器作为展示界面,表现十分丰富;C/S 的表现有局限性。
- C/S 结构和操作系统相关;B/S 结构可以面向不同的用户群,与操作系统的关系较小。

3.2 服务器端基础概念

网站应用程序主要分为两大部分:客户端和服务器端。

- 客户端:在浏览器中运行的部分,就是用户看到的并与之交互的界面程序,是使用 HTML、CSS、JavaScript 构建的 Web 应用。
- 服务器端:在服务器中运行的部分,负责存储数据和处理应用逻辑。

服务器和客户端关系如图 3-3 所示。

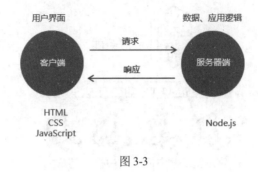

图 3-3

本节主要介绍服务器端的基础概念。

3.2.1 网站服务器

网站服务器（Website Server）是指一种部署在数据中心的专用服务器，其主要职责是存储、处理和提供网站内容给用户通过互联网访问。它们是网站发布和运行的关键硬件基础设施，支持网络应用的各种操作，包括托管网页文件、处理用户请求以及提供动态内容生成的能力。服务器如图 3-4 所示。

图 3-4

网站服务器由软件和硬件组成。硬件是指具体的机器设备，计算机主机也可以看作一个微型的硬件服务器。软件是指在硬件服务器上搭建的 Web 服务器。

Web 服务器一般是指驻留于互联网上的某种类型的计算机程序，可以向浏览器等 Web 客户端提供文档；也可以放置网站文件，让全世界浏览；还可以放置数据文件，让全世界下载。目前最主流的三个 Web 服务器是 Apache、Nginx、IIS。

能够提供网站访问服务的机器就是网站服务器，它能够接收客户端的请求，能够对请求做出响应。

3.2.2 IP 地址

IP 地址是分配给网络上使用 IP 协议的设备的数字标签。我们现在经常使用的是 IPV4 由 32 位二进制数字组成，常以 XXX.XXX.XXX.XXX 形式表现。

IP 地址是互联网中的设备的唯一标识，所以可以用来定位计算机。

我们可以直接在控制台中输入 ipconfig，来查看计算机的 IP 地址，如下所示。

```
C:\Users\zouqj>ipconfig

Windows IP 配置

以太网适配器 以太网:

   连接特定的 DNS 后缀 . . . . . . . :
   本地链接 IPv6 地址. . . . . . . . : fe80::684e:b140:5efa:ecf0%7
   IPv4 地址 . . . . . . . . . . . . : 192.168.1.95
   子网掩码  . . . . . . . . . . . . : 255.255.255.0
   默认网关. . . . . . . . . . . . . : 192.168.1.1
```

我们还可以用可视化的方式查看计算机的 IP 地址，如图 3-5 所示。

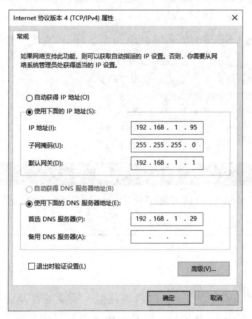

图 3-5

> **注　意**
>
> 此时我们查看到的是内网 IP 地址，如果要查看外网 IP 地址，直接在百度中搜索 "ip 地址查询"，如图 3-6 所示，看到的就是外网 IP 地址。

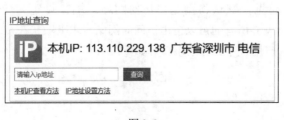

图 3-6

3.2.3 域名

域名是由一系列用点（.）分隔的字符组成的唯一标识，用于在互联网上标识和定位一台计算机或一组计算机。

域名按域名系统（DNS）的规则组成。在 DNS 中注册的任何名称都是域名。域名用于实现各种网络环境和应用程序特定的命名和寻址。

域名通常会和 IP 地址绑定起来，我们可以通过访问域名来访问网络主机上的服务。IP 地址通常是指主机，而域名通常表示一个网站。一个域名可以绑定多个 IP 地址，多个域名也可以绑定一个 IP 地址。

由于 IP 地址难于记忆，因此通常使用域名，所谓域名就是平时上网所使用的网址。例如：

https://www.baidu.com/　=>　http://39.156.69.79/

虽然在地址栏中输入的是网址，但是最终还是会将域名转换为 IP 地址才能访问到指定的网站服务器。

在 cmd 命令窗口中 ping CSDN 的域名，会返回一系列 IP 地址，如下所示。

```
C:\Users\DELL>ping csdn.net
正在 Ping csdn.net [121.36.68.44] 具有 32 字节的数据:
来自 121.36.68.44 的回复: 字节=32 时间=35ms TTL=50
来自 121.36.68.44 的回复: 字节=32 时间=35ms TTL=50
来自 121.36.68.44 的回复: 字节=32 时间=35ms TTL=50
来自 121.36.68.44 的回复: 字节=32 时间=35ms TTL=50
```

> **注　　意**
>
> 有些大型网站可能每次 ping 它的域名返回的 IP 地址都会不一样，因为大型网站的网络架构是分布式的、多点的。

3.2.4 端口

端口（port）主要分为物理端口和逻辑端口。我们一般说的都是逻辑端口，用于区分不同的服务。虽然网络中一台主机只有一个 IP 地址，但是一台主机可以提供多个服务，端口号就用于区分一台主机上的不同服务。一个 IP 地址的端口通过 16bit 进行编号，最多可以有 65536 个端口，标识是从 0 到 65535。端口号分为公认端口（0~1023）、注册端口（1024~49151）和动态端口（49152~65535）。我们自己开发的服务一般都绑定在注册端口上。

端口号定位具体的应用程序，所有需要联网通信的应用程序都会占用一个端口号。端口号也很难记，因此，为了方便起见，默认将浏览器访问网站的端口设置为 80 端口。就形如这样：http://39.156.69.79:80/。全世界所有的可以自由访问的网站基本上默认在 80 端口访问。

常见的服务器软件（应用程序）分配端口号如下：

- FTP: 21。
- SSH: 22。
- MYSQL: 3306。

- DNS: 53。
- HTTP: 80。
- POP3: 109。
- Https: 443。
- SMTP: 25。

不同的软件其端口号不能重复，否则会出现冲突。

3.2.5 URL

URL（Uniform Resource Locator）是统一资源定位符，是专为标识互联网上的资源位置而设的一种编址方式，我们平时所说的网页地址指的就是URL。

URL 的组成：传输协议://服务器 IP 或域名:端口/资源所在位置标识。

例如：https://www.cnblogs.com/jiekzou/p/12870676.html。

传输协议有以下两种：

- HTTP：超文本传输协议，提供了一种发布和接收 HTML 页面的方法。
- HTTPS：可以理解为 HTTP 协议的升级，就是在 HTTP 的基础上增加了数据加密。在数据进行传输之前，对数据进行加密，然后发送到服务器。这样，就算数据被第三者截获，但是由于数据是加密的，因此个人信息仍然是安全的。这也是 HTTP 和 HTTPS 的最大区别。

3.2.6 客户端和服务器端

在开发阶段，通常客户端和服务器端使用的是同一台计算机，即开发人员的计算机，如图 3-7 所示。

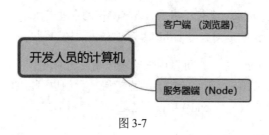

图 3-7

本机域名：localhost。
本地 IP：127.0.0.1。

3.3 创建 Web 服务器

服务器的作用如下：

- 提供对数据的服务。
- 发送请求、接收请求、处理请求。

- 给个反馈（发送响应）。
- 注册 request 请求事件。

在 Node.js 中专门提供了一个核心模块——http，这个模块的职责就是帮助我们创建和编写服务器。

本节创建一个简单的 Web 服务器，当服务器接收到客户端请求，就会自动触发 request 请求事件，然后执行回调处理函数。

（1）新建目录 node-server，在目录下新建文件 server.js，代码如下：

```javascript
// require: 引用系统模块
// http: 用于创建网站服务器的模块
const http = require('http');
// 创建 web 服务器
const app = http.createServer();
// 监听请求，当客户端发送请求的时候执行
app.on('request', (req, res) => {
  // 设置响应内容的编码，不设置的话，中文可能会出现乱码
  res.writeHead(200, {
    'content-type': 'text/html;charset=utf8',
  });
  // 响应内容
  res.end('欢迎来到2023');
});
// 监听 3000 端口
app.listen(3000);
console.log('服务器已启动，监听 3000 端口，请访问 localhost:3000');
```

request 请求事件处理函数需要接收两个参数：

- Request 请求对象：请求对象可以用来获取客户端的一些请求信息，例如请求路径。
- Response 响应对象：响应对象可以用来给客户端发送响应消息。

response 对象有一个 write 方法，可以用来给客户端发送响应数据。write 可以使用多次，但最后一定要使用 end 来结束响应，否则客户端会一直等待。我们也可以直接使用 end 带参数的形式，它相当于同时调用 write（参数）和 end()方法，这是一种简写形式。

（2）执行 node server.js，结果如下：

```
PS D:\WorkSpace\node_mongodb_vue3_book\codes\chapter3\node-server> node server.js
服务器已启动，监听 3000 端口，请访问 localhost:3000
```

（3）打开浏览器，在浏览器中输入地址 http://localhost:3000/，运行结果如图 3-8 所示。

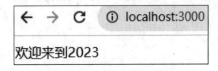

图 3-8

至此，一个简单的 Web 服务器已经搭建好了，这里读者只需了解即可，后面章节将会做更加详细的介绍。

总结创建 Web 服务器的基本步骤：

步骤 01 引用网站服务器模块 http。
步骤 02 通过 http 的 createServer 方法返回一个 web 服务器对象。
步骤 03 监听 web 服务器对象的请求事件。
步骤 04 可以获取到两个对象，一个是请求对象 req（request 的简写），一个是响应对象 res（response 的简写）。
步骤 05 输出响应内容。
步骤 06 监听指定的端口。

3.4 HTTP

3.4.1 HTTP 的概念

本节主要介绍 HTTP（HyperText Transfer Protocol，超文本传输协议）的相关内容。HTTP 基于客户端服务器架构工作，是客户端（用户）和服务器端（网站）请求和应答的标准。

客户端要和服务器端进行通信，需要一个协议，这个协议就是 HTTP。HTTP 规定了如何从客户端发送数据，指定了客户端发送数据的方式和服务器返回数据的形式，如图 3-9 所示。

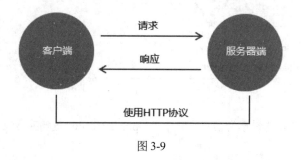

图 3-9

3.4.2 报文

在 HTTP 请求和响应的过程中传递的数据块就叫作报文。报文包括要传送的数据和一些附加信息，并且要遵守规定好的格式——用冒号（:）分隔的键值对。

请求报文就是客户端发送到服务器端的数据信息，响应报文就是服务器端返回给客户端的数据信息。

客户端和服务器端交互如图 3-10 所示。

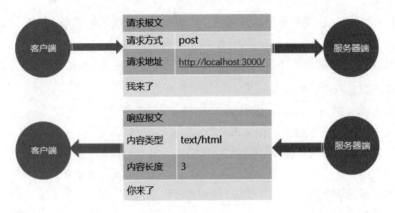

图 3-10

查看报文信息

这里以博客园的网址 https://www.cnblogs.com/为例，在浏览器中打开该网址，然后按 F12 键进入开发者工具（初次打开开发者工具，要刷新一下页面才能够看到请求信息），选择任意一个请求地址，如图 3-11 所示。

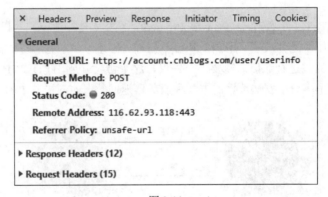

图 3-11

在 Headers 页签中可以查看报文信息，其中 Response Header 是响应报文，Request Headers 是请求报文头。

在 Response 页签中显示的是服务器端发送给客户端的响应内容。

3.4.3 请求报文

1. 请求方式（Request Method）

请求方式有很多，常用的是 GET 和 POST。

- GET：请求数据。
- POST：发送数据。

POST 请求相对 GET 请求更加安全，因为 GET 请求会把所有请求参数都写到 URL 地址当中去，并且 URL 地址还有长度限制的问题。

2. 请求地址（Request URL）

在 HTTP 中，请求地址通常指的是 URL，它标识了互联网上的一个资源的位置。当浏览器或其他 HTTP 客户端发起一个请求时，会使用这个 URL 来定位和请求数据。获取请求报文、请求地址和请求方法的代码如下：

```
app.on('request', (req, res) => {
    req.headers    // 获取请求报文
    req.url        // 获取请求地址
    req.method     // 获取请求方法
});
```

请求报文格式：

```
Request URL: https://account.cnblogs.com/user/userinfo
Request Method: POST
Status Code: 200
Remote Address: 116.62.93.118:443
Referrer Policy: unsafe-url

:authority: account.cnblogs.com
:method: POST
:path: /user/userinfo
:scheme: https
accept: text/html, */*; q=0.01
accept-encoding: gzip, deflate, br
accept-language: zh-CN,zh;q=0.9
content-length: 0
cookie:                                                      _ga=GA1.2.1108691230.1504019593;
__gads=ID=9b60abca9684ac3e:T=1583068608:S=ALNI_MbpgRaYajR7ysNpGBZ5TFT_M8Hceg;
UM_distinctid=170ed265cb1228-06e26d32c82341-5040231b-1fa400-170ed265cb21e5;
SERVERID=5008be7c83db547211556bacd0f30b75|1591363814|1591363814;
_gid=GA1.2.1607172664.1591363809; _gat=1
origin: https://www.cnblogs.com
referer: https://www.cnblogs.com/
sec-fetch-dest: empty
sec-fetch-mode: cors
sec-fetch-site: same-site
user-agent: Mozilla/5.0 (Windows NT 10.0; WOW64) AppleWebKit/537.36 (KHTML, like Gecko)
Chrome/83.0.4103.61 Safari/537.36
```

响应报文格式：

```
access-control-allow-credentials: true
access-control-allow-origin: https://www.cnblogs.com
content-encoding: gzip
content-type: text/html; charset=utf-8
date: Fri, 05 Jun 2023 13:30:22 GMT
set-cookie: SERVERID=5008be7c83db547211556bacd0f30b75|1591363822|1591363814;Path=/
status: 200
strict-transport-security: max-age=2592000
vary: Accept-Encoding
```

```
vary: Origin
x-content-type-options: nosniff
x-frame-options: SameOrigin
```

下面通过一个示例来演示如何在 Node.js 中获取请求报文信息。

（1）新建 app.js 文件，输入如下代码：

```javascript
// 用于创建网站服务器的模块
const http = require('http');
// 用于处理 URL 地址
const url = require('url');
// app 对象就是网站服务器对象
const app = http.createServer();
// 监听请求，当客户端有请求来的时候执行
app.on('request', (req, res) => {
  // 获取请求方式
  console.log(req.method);
  // 获取请求地址
  console.log(req.url);
  // 获取请求报文信息 req.headers
  console.log(req.headers);

  res.writeHead(200, {
    'content-type': 'text/html;charset=utf8',
  });
});
// 监听 5000 端口
app.listen(5000);
console.log('网站服务器启动成功');
```

> **注　意**
>
> req.headers 可以获取请求报文信息，它获取的是一个对象，如果要取这个对象中的具体属性值，可以通过 req.headers["属性名"]的方式来获取。

（2）执行 node app.js：

```
PS D:\WorkSpace\node_mongodb_vue3_book\codes\chapter3\node-server> node
app.js
网站服务器启动成功
```

（3）由于这里监听的是 5000 端口，因此打开浏览器，在地址栏中输入 http://localhost:5000/，此时控制台将会打印出如下请求信息：

```
GET
/
{
  host: 'localhost:5000',
  connection: 'keep-alive',
  'upgrade-insecure-requests': '1',
  'user-agent': 'Mozilla/5.0 (Windows NT 10.0; WOW64) AppleWebKit/537.36 (KHTML, like
```

```
Gecko) Chrome/83.0.4103.61 Safari/537.36',
  accept:
'text/html,application/xhtml+xml,application/xml;q=0.9,image/webp,image/apng,*/*;q=0
.8,application/signed-exchange;v=b3;q=0.9',
  'sec-fetch-site': 'none',
  'sec-fetch-mode': 'navigate',
  'sec-fetch-user': '?1',
  'sec-fetch-dest': 'document',
  'accept-encoding': 'gzip, deflate, br',
  'accept-language': 'zh-CN,zh;q=0.9',
  cookie:                         'Idea-b1d64bf7=c86c710a-cafa-49a2-a9f1-0998c2b8c5f2;
Webstorm-c5e82e10=39a49443-9951-4628-bb2b-1af2244c04df;
Hm_lvt_fffba4526d43301ecb10cceaf968f17d=1574165159;                Vshop-Member=8756;
Vshop-Member-Verify=DE6FFF84EB248EBDFB; Vshop-ReferralId=0'
}
```

这里获取的是 GET 请求报文，那么如何获取 POST 方式的请求报文呢？我们可以通过表单的形式。

（1）新建一个 login.html 页面，代码如下：

```html
<form method="post" action="http://localhost:5000">
    <input type="text" name="username">
    <input type="password" name="password">
    <input type="submit">
</form>
```

表单 form 中的两个属性说明如下：

- method：指定当前表单提交的方式。
- action：指定当前表单提交的地址。

（2）在浏览器中打开 login.html 页面，输入内容，然后单击"提交"按钮，如图 3-12 所示。

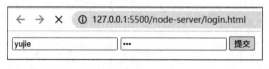

图 3-12

此时控制台就会输出 POST 请求报文：

```
POST
/
{
  host: 'localhost:5000',
...
```

客户端输入不同的地址，服务器端如何响应不同的内容？

既然服务器端可以接收到客户端的请求报文信息，当然就可以从请求报文信息中获取请求地址，然后根据不同的请求地址来输出不同的响应内容。

在 app.js 中增加如下代码：

```
    // 指定响应内容类型和编码
    res.writeHead(200, {
      'content-type': 'text/html;charset=utf8',
    });
let urlPath = req.url;  // 获取请求地址
    if (urlPath == '/' || urlPath == '/index') {
      res.end('<h2>这是首页</h2>');
    } else if (urlPath == '/list') {
      res.end('这是列表页');
    } else {
      res.end('没有找到');
    }
```

res 对象中的 writeHead 方法可以指定响应编码和响应报文类型，如果不指定，默认报文类型是 text/plain，也就是纯文本类型。在这里指定为 html 类型，并设置编码为 utf8，否则浏览器端可能会出现中文乱码，而且浏览器还会把服务器返回的内容信息当成纯文本解析。

在浏览器中输 http://localhost:5000/ 和 http://localhost:5000/index，两者运行结果相同，如图 3-13 所示。

图 3-13

此时在服务器控制台会看到如下信息：

```
PS D:\WorkSpace\node_mongodb_vue3_book\codes\chapter3\node-server> node app.js
网站服务器启动成功
GET
/
GET
/favicon.ico
/index
GET
/favicon.ico
```

再在浏览器中输入 http://localhost:5000/list，浏览器运行结果如图 3-14 和图 3-15 所示。

 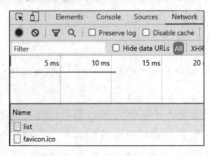

图 3-14　　　　　　　　　　图 3-15

服务器控制台打印信息如下:

```
GET
/list
GET
/favicon.ico
```

我们发现每次浏览器请求的时候,都额外请求了一个叫 favicon.ico 的资源文件,服务器控制台也都监听到了请求地址/favicon.ico。

favicon 是浏览器用来在收藏夹、标签页、历史记录等处显示的小图标,它能帮助用户快速识别和区分不同的网站。favicon 的中文名称为"网页图标",英文名称为"favorites icon"。不同浏览器对 favicon 的支持和显示方式可能有所不同。

直接访问 URL 时,favicon.ico 请求在各浏览器的实现是不同的:

- Chrome 每次访问请求(自动)。
- Firefox 第一次访问请求(自动)。
- IE 不请求(需页面设置)。

我们可以将其理解为是浏览器自带的请求,暂时先不用理会。

3.4.4 响应报文

1. HTTP 状态码

HTTP 状态码是由服务器返回给客户端的一个三位数字代码,用于表示 HTTP 请求的结果、状态和错误类型。这些状态码由 HTTP 协议标准定义,并分为五个类别,每个类别的第一个数字代表了状态码的类型:1xx(信息性状态码)、2xx(成功状态码)、3xx(重定向状态码)、4xx(请求错误状态码)、5xx(服务器错误状态码)。

常见的 HTTP 状态码如下:

- 200: 请求成功。
- 301: 永久重定向,浏览器会记住。
- 302: 临时重定向,浏览器不记忆。
- 400: 客户端请求有语法错误。
- 404: 请求的资源没有被找到。
- 500: 服务器端错误。

HTTP 状态码的值越大,表示越严重。读者只需记住常见的状态码即可,其他的状态码有需要时可查阅相关文档。完整的 HTTP 状态码可以参照 https://developer.mozilla.org/zh-CN/docs/Web/HTTP/Status。

2. 内容类型(Content-Type)

在 HTTP 响应报文中,Content-Type 是一个头字段,它指示了响应体中资源的媒体类型(MIME 类型)。客户端可以通过这个字段来确定如何解析响应数据。

Content-Type 头字段的值由两部分组成：一种是数据的类型（type），另一种是数据的子类型（subtype），中间用斜杠（/）分隔。此外，还可以包括一个或多个可选的参数，例如字符集。

以下是一些常见的 Content-Type 值：

- text/plain：纯文本，不含任何格式。
- text/html：HTML 格式的文本，用于网页。
- text/css：层叠样式表（CSS）。
- text/javascript：JavaScript 代码。
- application/json：JSON 格式的数据。
- application/xml：XML 格式的数据。
- application/octet-stream：任意的二进制数据。
- image/png：PNG 格式的图片。
- image/jpeg：JPEG 格式的图片。
- image/gif：GIF 格式的图片。
- multipart/form-data：用于表单数据的多部分编码，通常是文件上传。

不同的资源对应的 Content-Type 是不一样的，具体可以参照 https://developer.mozilla.org/zh-CN/docs/Web/HTTP/Headers/Content-Type。

通过网络发送文件，发送的并不是文件，从本质上来讲发送的是文件的内容。当浏览器接收到服务器响应内容之后，就会根据 Content-Type 进行对应的解析处理。

在服务器端默认发送的数据，其实是 utf8 编码的内容，但是浏览器不知道它是 utf8 编码的内容。在不知道服务器响应内容编码的情况下，浏览器会按照当前操作系统的默认编码去解析，中文操作系统默认编码是 GBK。因此，这可能会导致非 ASCII 字符显示错误。

解决方法就是正确地告诉浏览器发送的内容是什么编码，在 HTTP 协议中，Content-Type 就是用来告知对方发送的数据内容是什么类型。虽然现在有一些高级浏览器会自动根据响应内容进行解析，但是为了保证不同浏览器都能很好地解析，最好还是要指定响应内容类型。例如，如果发送的是 HTML 格式的字符串，就要告诉浏览器发送的是 text/html 格式的内容。

对于文本类型的数据，最好都加上编码，目的是防止中文解析乱码问题，设置方法如下：

```
app.on('request', (req, res) => {
    // 设置响应报文
    res.writeHead(200, {
        'Content-Type': 'text/html;charset=utf8'
    });
});
```

3.5　HTTP 请求与响应处理

本节主要介绍 HTTP 请求与响应处理相关的内容。

3.5.1 请求参数

客户端向服务器端发送请求时，有时需要携带一些客户端信息，客户端信息需要通过请求参数的形式传递到服务器端，比如登录操作。

1. GET 请求参数

GET 请求参数被放置在浏览器地址栏中，例如 http://localhost:3000/?name=zhangsan&age=20。想要获取参数，则需要借助 url 系统模块，url 模块可用来处理 URL 地址。

下面演示如何获取 GET 请求参数。

（1）新建文件 req-params.js，输入如下代码：

```
// 用于创建网站服务器的模块
const http = require('http');
// 用于处理 URL 地址
const url = require('url');
// app 对象就是网站服务器对象
const app = http.createServer();
// 监听请求，当客户端有请求来的时候执行
app.on('request', (req, res) => {
  if (req.url == '/favicon.ico') return;
  // 指定响应内容类型和编码
  res.writeHead(200, {
    'content-type': 'text/html;charset=utf8',
  });
  // 1. 要解析的 URL 地址
  // 2. 将查询参数解析成对象形式
  let { query, pathname } = url.parse(req.url, true);
  res.write(query.name);
  res.write(': ');
  res.write(query.age);
  res.end();
});
// 监听 5001 端口
app.listen(5001);
console.log('网站服务器启动成功，监听端口 5001');
```

（2）运行 node req-params.js 命令。

（3）在浏览器地址栏中输入 http://localhost:5001/index?name=邹琼俊&age=18，运行结果如图 3-16 所示。

图 3-16

> **注　意**
>
> Node.js 中提供了 url 的内置模块，可以用于处理 URL 地址。

在上述代码中，url.parse 方法可以解析 URL 地址，当该方法的第二个参数为 true 时，query 属性会生成一个对象；为 false 时，则返回的 url 对象上的 query 属性会是一个未解析、未解码的字符串，参数默认值为 false。

res.write 方法用于将内容写入浏览器页面：

```
res.write('a'); res.end();等同于 res.end('a');
```

let{ query, pathname } = url.parse(req.url, true);这样的写法是 ES 6 中的对象解构。

2. POST 请求参数

POST 请求参数被放置在请求体中进行传输。要获取 POST 参数，需要使用 data 事件和 end 事件，并借助 querystring 系统模块将参数转换为对象格式。

下面演示如何获取 POST 请求参数。

（1）新建文件 login.js，代码如下：

```javascript
// 用于创建网站服务器的模块
const http = require('http');
// app 对象就是网站服务器对象
const app = http.createServer();
// 处理请求参数模块
const querystring = require('querystring');
// 当客户端有请求来的时候
app.on('request', (req, res) => {
  // POST 请求参数是通过事件的方式接收的
  let postParams = '';
  // 当请求参数传递的时候触发 data 事件
  req.on('data', (params) => {
    postParams += params;
  });
  // 当参数传递完成的时候触发 end 事件
  req.on('end', () => {
    console.log(querystring.parse(postParams));
  });
  res.end('ok');
});
// 监听端口 5000
app.listen(5000);
console.log('网站服务器启动成功，监听 5000 端口');
```

POST 请求参数不是一次就能接收完的，因此如果要接收所有的数据，就需要用一个变量将其拼接起来。

（2）执行 node login.js，运行前面创建的 login.html 页面，在文本框中分别输入 admin、123，然后单击"提交"按钮，如图 3-17 所示。运行结果如图 3-18 所示。

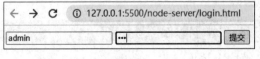

图 3-17

图 3-18

此时 Node.js 服务器控制台输出内容如下：

```
PS D:\WorkSpace\node_mongodb_vue3_book\codes\chapter3\node-server> node login.js
网站服务器启动成功，监听 5000 端口
[Object: null prototype] { username: 'admin', password: '123' }
[Object: null prototype] {}
```

3.5.2 路由

在软件开发中，路由是指根据请求的 URL 将请求分发给特定的处理程序或资源的机制。路由分为后端路由和前端路由。

1. 后端路由

如果读者了解 MVC 框架，就知道路由是 Controller（控制器）中的一部分，而 MVC 框架就是通过 URL 地址来对应到不同路由的，这便是我们所说的后端路由。对于普通的网站，所有的超链接都是 URL 地址，所有的 URL 地址都对应服务器上相应的资源。

2. 前端路由

在单页面应用程序（SPA）中，页面之间的切换是通过改变 URL 的 hash（#号后的部分）来实现。这一机制的关键优势是，hash 的变化不会引发新的 HTTP 请求，因为浏览器不会将 hash 发送至服务器。因此，在 SPA 中，页面切换通常依赖于 hash 变化；当 URL 的 hash 部分改变时，应用程序会响应这一变化，更新页面内容而不是加载新页面。这类似于传统网页中，单击超链接跳转到同一页面上的不同锚点。在单页面应用程序中，这种通过 hash 改变来切换页面的方式，称作前端路由（区别于后端路由）。

总的来说，前端路由是 SPA 中用于在客户端映射不同的 URL 到应用程序状态的机制。与后端路由不同，后者定义了客户端请求与服务器端响应之间的关系，前端路由关注的是不同 URL 与页面状态之间的映射关系。简而言之，前端路由决定了用户请求特定 URL 时，页面应该显示什么内容。路由的作用如图 3-19 所示。

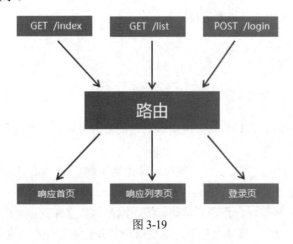

图 3-19

下面通过一个示例来演示路由。

（1）新建文件 router.js，代码如下：

```js
const http = require('http');
const url = require('url');
const app = http.createServer();
app.on('request', (req, res) => {
  // 获取请求方式
  const method = req.method.toLowerCase();
  // 获取请求地址
  const pathname = url.parse(req.url).pathname;
  res.writeHead(200, {
    'content-type': 'text/html;charset=utf8',
  });
  if (method == 'get') {
    if (pathname == '/' || pathname == '/index') {
      res.end('这是首页');
    } else if (pathname == '/login') {
      res.end('这是登录页');
    } else {
      res.end('您访问的页面不存在');
    }
  } else if (method == 'post') {
    // POST 请求执行
    res.end();
  }
});
app.listen(5000);
console.log('服务器启动成功，监听5000端口');
```

> **注　意**
>
> 路由变化是根据 URL 地址变化来识别的，所以要判断请求方式，只有 GET 方式才会产生 URL 地址变化。

（2）在浏览器中输入如下地址来访问：

```
http://localhost:5000/index
http://localhost:5000/login
```

3.5.3　静态资源

不需要服务器端处理的、可以直接响应给客户端的资源就是静态资源。静态资源包括 HTML、CSS、JavaScript、Image 文件等。

当浏览器接收到 HTML 内容后，它会按顺序从上到下解析 HTML 文档。在解析过程中，浏览器会识别出带有外部资源链接的标签，如具有 src 属性的 img、script、iframe、video、audio 等标签，以及具有 href 属性的 link 标签。一旦遇到这些标签，浏览器会立即发出新的网络请求来加载相应的资源，如样式表、脚本、图片、媒体文件等。这些请求是并行发生的，并且是独立于 HTML 文档本身的初始请求。加载这些资源是渲染页面和执行脚本所必需的，它们可能会影响页面的加载时间，因为必须等待所有关键资源加载完毕才能完成页面的渲染过程。

3.5.4 动态资源

相同的请求地址,根据不同的请求参数返回不同的响应内容,这样的资源被称为动态资源。动态资源在服务器端生成,通常与数据库或服务器上的应用程序逻辑交互,以便根据每个请求的具体参数提供定制化的内容。这种资源的特点是它们在访问时不是预先存在的,而是实时生成的,因此能够提供更加个性化和交互性的用户体验。

下面演示一下动态资源。首先,准备如图 3-20 所示的代码结构。

然后,下载 mime 模块:

```
yarn add mime 或者 npm install mime
```

图 3-20

MIME(多用途互联网邮件扩展)类型是一个互联网标准,它描述了文件的类型和子类型,浏览器或其他客户端就依据这个标准来决定如何处理或显示文件。通过设定 mime 就可以设定文件在浏览器中的打开方式。

其次,在浏览器地址栏中输入 http://localhost:5000/,访问的是 default.html 页面,如图 3-21 所示。

在浏览器中访问 http://localhost:5000/index,结果如图 3-22 所示。

图 3-21　　　　　　　　　　图 3-22

在浏览器中访问 http://localhost:5000/index.html,结果如图 3-23 所示。

图 3-23

在浏览器中访问 http://localhost:5000/img/yang.jpg，结果如图 3-24 所示。

图 3-24

3.5.5 客户端请求方式

1. GET 方式

GET 方式是一种在网络通信中常用的方法，通过将数据附加在 URL 中发送到服务器。在日常使用中，GET 方式可以通过以下几种方式实现：

- 在浏览器地址栏中输入 URL 地址时，可以通过 GET 方式向服务器请求数据。
- 使用 HTML 中的 link 标签的 href 属性，可以引用外部资源，如 CSS 样式表，也可以使用 GET 方式请求数据。
- 使用 script 标签的 src 属性可以加载外部 JavaScript 文件，并通过 GET 方式获取数据。
- 使用 img 标签的 src 属性可以加载图片资源，同样可以通过 GET 方式获取图片数据。
- 在 HTML 中使用 Form 表单进行提交时，可以指定为 GET 方式提交数据到服务器。

通过 GET 方式传输数据可以使 URL 更加清晰和易于理解，但需要注意的是，GET 方式会将数据暴露在 URL 中，可能存在安全风险，因此在传输敏感数据时应慎重考。

示例如下：

```
<link rel="stylesheet" href="base.css">
<script src="index.js"></script>
<img src="logo.png">
<form action="/login"></form>
```

2. POST 方式

HTTP 的 POST 请求用于向服务器发送数据，通常用于创建新资源或更新已有资源。POST 请求将数据包含在请求的主体中，并将数据发送到指定的 URL。与 GET 请求不同，POST 请求没有长度限制，可以发送大量数据。POST 请求通常用于提交表单数据、上传文件或执行服务器端的操作。

通过 POST 请求，客户端可以发送各种类型的数据，例如表单数据、JSON 数据、XML 数据等。服务器端接收到 POST 请求后，可以根据请求中的数据执行相应的操作，例如存储数据、更新数据库、处理表单提交等。

总的来说，HTTP 的 POST 请求是一种向服务器提交数据的常用方式，适用于发送较大量的数据或对服务器端资源进行修改操作。

表单提交示例如下：

```
<form method="post" action="http://localhost:5000">
```

3.6 Node.js 异步编程

本节主要介绍 Node.js 异步编程的相关内容。

3.6.1 同步 API 和异步 API

1. 同步 API

同步 API 是只有当前 API 执行完成后，才能继续执行下一个 API，也就是说代码会从上至下一行一行地执行。示例如下：

```
// 同步
console.log('第一关');
console.log('第二关');
```

2. 异步 API

异步 API 是指当前 API 的执行不会阻塞后续代码的执行。示例如下：

```
console.log('第一关');
// 异步
setTimeout(() => {
  console.log('最后一关');
}, 1000);
console.log('第二关');
```

执行上述同步 API 和异步 API 代码，结果如下：

```
D:\WorkSpace\node_mongodb_vue3_book\codes\chapter3>node 同步异步.js
第一关
第二关
第一关
第二关
最后一关
```

3. 同步 API 与异步 API 的区别

同步 API 与异步 API 的区别主要体现在以下两个方面：

（1）获取返回值不同：同步 API 可以从返回值中拿到 API 执行的结果，但是异步 API 不可以。

同步 API 方法调用，可以获取返回值：

```javascript
// 获取当前日期
function getCurFormatDate() {
  var date = new Date();
  var seperator1 = '-';
  var year = date.getFullYear();
  var month = date.getMonth() + 1;
  var strDate = date.getDate();
  if (month >= 1 && month <= 9) {
    month = '0' + month;
  }
  if (strDate >= 0 && strDate <= 9) {
    strDate = '0' + strDate;
  }
  var currentdate = year + seperator1 + month + seperator1 + strDate;
  return currentdate;
}
const dt = getCurFormatDate();
console.log(dt);// 2023-10-06
```

异步 API 调用，无法获取返回值：

```javascript
// 异步
function getMsg() {
  setTimeout(function () {
    return '每个人都是生活的导演';
  }, 1000);
}
const msg = getMsg();
console.log(msg);//undefined
```

（2）代码执行顺序不同：同步 API 从上到下依次执行，前面的代码会阻塞后面代码的执行；异步 API 不会等待前一个 API 执行完成后再向下执行。

同步 API 有序执行：

```javascript
const names = ['衍悔', '龙千山', '凌日'];
for (let name of names) {
  console.log(name);
}
console.log('遍历结束');
```

运行结果：

```
衍悔
龙千山
凌日
遍历结束
```

异步 API 无序执行：

```javascript
console.log('代码开始执行');
```

```
setTimeout(() => {
console.log('1 秒后执行的代码');
}, 1000);
setTimeout(() => {
  console.log('0 秒执行的代码');
}, 0);
console.log('代码结束执行');
```

运行结果：

```
代码开始执行
代码结束执行
0 秒执行的代码
1 秒后执行的代码
```

代码执行顺序分析：

在 Node.js 中，在执行代码的时候，会将同步代码提取出来放置到同步代码执行区，将异步代码提取出来放置到异步代码执行区，然后按顺序优先执行同步代码执行区中的代码，待同步代码执行区中的代码执行完之后，再从异步代码区中把回调函数提取到回调函数队列中，最后根据先后顺序把回调函数有序放到同步代码执行区依序执行，如图 3-25 所示。

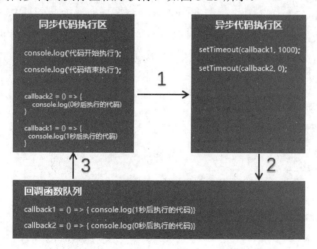

图 3-25

3.6.2 回调函数

回调函数是传递给另一个函数或方法的函数，以便在后者完成其操作时调用，例如：

```
// fun 函数定义
function fun(callback) {}
// fun 函数调用
fun(() => {});
```

下面通过一个示例来演示如何使用回调函数获取异步 API 执行结果。

（1）新建文件 callback.js，代码如下：

```
function getData(callback) {
  callback('江湖最后一个大侠');
}
// 将匿名函数作为一个参数进行传递
getData(function (msg) {
  console.log('callback 函数被调用了');
  console.log(msg);
});
```

（2）执行 node callback.js，结果如下：

```
PS D:\WorkSpace\node_mongodb_vue3_book\codes\chapter3> node callback.js
callback 函数被调用了
江湖最后一个大侠
```

3.6.3　Node.js 中的异步 API

Node.js 中常见的异步 API 有文件读取和 HTTP 操作。

1. 文件读取

文件读取使用 fs.readFile()方法，该方法的第一个参数是要读取的文件路径，第二个参数是一个回调函数。回调函数又接收两个参数：一个错误对象（如果读取失败）和文件内容。如果读取成功，错误对象会是 null，而文件内容则会作为第二个参数传递给回调函数。

下面通过一个示例来演示文件读取。

（1）新建文件"异步.js"，代码如下：

```
// 文件读取
const fs = require('fs');
fs.readFile('./book.txt', (err, result) => {
  // 在这里就可以通过判断 err 来确认是否有错误发生
  if (err) {
    console.log('读取文件失败了');
  } else {
    // console.log(result);// <Buffer e3 80 8a e6 80
    console.log(result.toString());
  }
});
console.log('文件读取完毕');
```

（2）执行 node 异步.js，结果如下：

```
PS D:\WorkSpace\node_mongodb_vue3_book\codes\chapter3> node 异步.js
文件读取完毕
《怜花宝鉴》是一代怪侠王怜花倾尽毕生心血所著，上面不但有他的武功心法，也记载着他的下毒术、易容术、苗人放蛊、波斯传来的摄心术。
```

文件中存储的其实都是二进制数据 0 和 1，但这里为什么看到的不是 0 和 1 呢？因为我们通过 toString 方法将它们转换为认识的字符了。

2. HTTP 操作

HTTP 操作具体包括以下 4 个方面：

（1）加载 http 核心模块。
（2）使用 http.createServer()方法创建一个 Web 服务器。
（3）注册 request 请求事件：server.on('request', function () {})。
（4）绑定端口号，启动服务器。

当服务器接收到客户端请求，就会自动触发 request 请求事件，然后执行第二个参数——回调处理函数。

HTTP 操作示例如下：

```
// HTTP 操作
const http = require('http');
var server = http.createServer();
server.on('request', (req, res) => {});
server.listen(3000, function () {
  console.log('服务器启动成功了，可以通过 http://127.0.0.1:3000/ 来进行访问');
});
```

如果异步 API 后面的代码执行需要依赖当前异步 API 的执行结果，但实际上后续代码在执行的时候异步 API 还没有返回结果，这个问题要怎么解决呢？通常可以采用回调和 async&&await 来解决。例如，依次读取 a.txt 文件、b.txt 文件。先来看一下回调的实现方式，在 callback.js 中添加如下代码：

```
const fs = require('fs');
fs.readFile('a.txt', 'utf8', (err, res1) => {
  console.log(res1.toString());
  fs.readFile('b.txt', 'utf8', (err, res2) => {
    console.log(res2.toString());
  });
});
```

执行 node callback.js，结果如下：

```
PS D:\WorkSpace\node_mongodb_vue3_book\codes\chapter3> node callback.js
a 文件是独孤九剑
b 文件是吸星大法
```

3.6.4 Promise

Promise 是 ES 6 中新增的一种异步编程的解决方案，它可以将异步操作队列化，让操作按照期望的顺序执行，最终返回符合预期的结果。同时，可以在对象之间传递和操作 Promise，帮助我们处理队列。

Promise 出现的目的是解决 Node.js 异步编程中回调地狱的问题。什么是回调地狱呢？要把一个函数 a 作为回调函数，但是该函数又把函数 b 作为参数，而函数 b 又把函数 c 作为参数，这样的层层嵌套称之为回调地狱。回调地狱的代码阅读性非常差。

Promise 是一个对象,它并未剥夺函数 return 的能力,因此无须层层传递 callback 进行回调来获取数据。

> **说　明**
> 对象和函数的区别就是对象可以保存状态,函数不可以(闭包除外)。

Promise 的基本结构:Promise((resolve, reject)。

- Resolve 的作用是将 Promise 对象的状态从"未完成"变为"成功"(即从 pending 变为 resolved),在异步操作成功时调用,并将异步操作的结果作为参数传递出去。
- Reject 的作用是将 Promise 对象的状态从"未完成"变为"失败"(即从 pending 变为 rejected),在异步操作失败时调用,并将异步操作报出的错误作为参数传递出去。

Promise 有 3 个状态:

(1)pending(待定),是初始状态。
(2)resolved(已完成),又称 fulfilled(实现),表示操作成功。
(3)rejected(被否决),表示操作失败。

当 Promise 状态发生改变时,就会触发 then()里的响应函数来处理后续操作。

> **注　意**
> Promise 状态一经改变,不会再变。

下面用示例来演示 Promise 的基本用法。

(1)新建文件 promise.js,添加如下代码:

```
const fs = require('fs');
let promise = new Promise((resolve, reject) => {
  setTimeout(() => {
    if (true) {
      resolve({ name: '张三丰' });
    } else {
      reject('失败');
    }
  }, 1000);
});
promise
  .then(
    (result) => console.log(result) // {name: '张三丰'})
  )
  .catch((error) => console.log(error)); // 失败
```

(2)通过 Promise 的方式来实现 3.6.3 节中回调的例子,在 promise.js 中添加如下代码:

```
const fs = require('fs');
// 封装 Promise 对象到方法中
function p1() {
```

```javascript
  return new Promise((resolve, reject) => {
    fs.readFile('a.txt', 'utf8', (err, res) => {
      resolve(res);
    });
  });
}
function p2() {
  return new Promise((resolve, reject) => {
    fs.readFile('b.txt', 'utf8', (err, res) => {
      resolve(res);
    });
  });
}
// 调用
p1()
  .then((res) => {
    console.log(res);
    return p2();
  })
  .then((res) => {
    console.log(res);
  });
```

（3）执行 node promise.js，结果如下：

```
PS D:\WorkSpace\node_mongodb_vue3_book\codes\chapter3> node promise.js
a 文件是独孤九剑
b 文件是吸星大法
```

3.6.5　async 和 await

async 和 await 最早出现在 C#语言中，后来在 ES 8 中对这一语法进行了支持。async 函数用来定义一个返回 AsyncFunction 对象的异步函数。异步函数是指通过事件循环异步执行的函数，它会通过一个隐式的 Promise 返回结果。在代码中使用异步函数时，会发现它的语法和结构更像是标准的同步函数。async 函数的语法格式如下：

```
async function name([param[, param[, ... param]]]) { statements }
```

参数说明：

- name：函数名称。
- param：要传递给函数的参数。
- statements：函数体语句。

返回值：返回的 Promise 对象会执行（resolve）异步函数的返回结果，但是如果异步函数抛出异常，则会拒绝（reject）。

异步函数是异步编程语法的终极解决方案，它可以让我们将异步代码写成同步的形式，使代码不再有回调函数嵌套，从而变得清晰明了。

异步函数的使用方式有字面量和函数两种形式，示例如下：

```
const fn = async () => {};
async function fn() {}
```

async 关键字的作用如下:

(1) 在普通函数定义前加 async 关键字,使其变成异步函数。

(2) 异步函数默认返回 Promise 对象。

(3) 在异步函数内部使用 return 关键字进行结果返回,结果会被包裹在 Promise 对象中,此时 return 关键字代替了 resolve 方法。

(4) 在异步函数内部使用 throw 关键字抛出程序异常。

(5) 调用异步函数可以链式调用 then 方法,以获取异步函数执行结果。

(6) 调用异步函数可以链式调用 catch 方法,以获取异步函数执行的错误信息。

await 关键字的作用如下:

(1) await 关键字只能出现在异步函数中。

(2) await 后面只能写 Promise 对象,写其他类型的 API 是不可以的。

(3) await 关键字可以暂停异步函数向下执行,直到 Promise 返回结果。

util 是 Node.js 的一个核心模块,提供了常用函数的集合,用于弥补核心 JavaScript 的功能过于精简的不足。util 中有一个 promisify 方法,这个方法相当于封装了一个返回 Promise 对象的函数。

util.promisify 方法传入一个遵循常见的错误优先的回调风格的函数,即以 (err, value) => ... 回调作为最后一个参数,并返回 Promise 的版本。示例如下:

```
let readFilePromise = util.promisify(fs.readFile);  // 这一句代码相当于下面的整个函数的代码
// function readFilePromise(filePath){
//     return new Promise((resolve, reject)=>{
//
//         fs.readFile(filePath,"utf-8",(error1, data1)=>{
//             if(error1){
//                 // 失败的时候要做的事情
//                 reject(error1);
//             }
//             // 读取完之后要做的事情
//             resolve(data1)
//         })
//     });
// }
// 总结: util.promisify(fs.readFile) 得到一个 Promise 对象
```

下面使用 await 和 async 来改写 3.6.4 节中的例子。新建文件 await.js,添加如下代码:

```
const fs = require('fs');
const util = require('util');
// 调用 promisify 方法改造现有异步 API,让其返回 Promise 对象
const readFile = util.promisify(fs.readFile);
async function run() {
  const res1 = await await readFile('a.txt', 'utf8');
  console.log(res1);
```

```
  const res2 = await await readFile('b.txt', 'utf8');
  console.log(res2);
}
// 调用
run();
```

执行 node await.js 文件,结果如下:

```
PS D:\WorkSpace\node_mongodb_vue3_book\codes\chapter3> node await.js
a 文件是独孤九剑
b 文件是吸星大法
```

第 4 章

MongoDB 数据库

本章将带领读者深入了解数据库概念以及 MongoDB 的使用。

首先将探讨什么是数据库、为什么要使用数据库，并介绍 MongoDB 数据库的相关概念。然后，将详细指导读者搭建 MongoDB 数据库环境，包括 MongoDB 数据库的下载、安装和启动。接下来，将深入学习 MongoDB 的操作，包括 Shell 操作、可视化软件的使用，以及数据的导入和导出。还会介绍 MongoDB 索引的概念，包括创建简单索引、唯一索引、删除重复值、Hint、Explain 以及索引管理。最后，将介绍 MongoDB 的备份与恢复方法，以及使用 mongoose 进行数据库连接和增删改查操作。

通过学习本章内容，读者将深入了解数据库的基本概念，并能够熟练使用 MongoDB 进行数据库操作和管理，为后续的实际项目开发做好准备。

本章学习目标

- 能够安装 MongoDB 数据库软件
- 能够知道集合、文档的概念
- 能够对 MongoDB 进行导入、导出、备份和恢复
- 能够使用 Mongoose 进行增、删、改、查
- 能够对 MongoDB 中的数据进行增、删、改、查操作

4.1 数据库概述

4.1.1 数据库简介

数据库即存储数据的仓库，它可以将数据进行有序的、分门别类的存储。数据库是独立于语言之外的软件，可以通过 API 去操作它。

常见的数据库软件有 MySQL、SQL Server、Oracle、MongoDB，其中 MongoDB 属于非关系数据库（NoSQL），其他的则属于关系数据库。在本书中讲的数据库是 MongoDB。Node.js 和数据库的交互如图 4-1 所示。

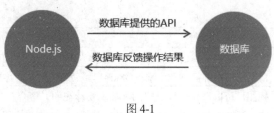

图 4-1

为什么要使用数据库?原因有以下 3 点:

- 动态网站中的数据都是存储在数据库中的。
- 数据库可以用来持久存储客户端通过表单收集的用户信息。
- 数据库软件本身可以对数据进行高效管理。

4.1.2 MongoDB 数据库相关概念

MongoDB 是一个高性能的开源、无模式的文档型数据库,是当前 NoSQL 数据库中比较热门的一种。它在许多场景下可用于替代传统的关系数据库或键-值存储方式。

传统的关系数据库一般由数据库(database)、表(table)、记录(record)三个层次概念组成,而 MongoDB 是由数据库(database)、集合(collection)、文档对象(document)三个层次组成。MongoDB 中的集合对应关系数据库里的表,但是集合中没有列、行和关系的概念,这体现了模式自由的特点。

MongoDB 在一个数据库软件中可以包含多个数据仓库,在每个数据仓库中可以包含多个数据集合,每个数据集合中可以包含多条文档(具体的数据)。

MongoDB 和关系数据库的对比如图 4-2 所示。

MongoDB和关系数据库的对比图		
对比项	MongoDB	mysql oracle
表	集合list	二维表table
表的一行数据	文档document	一条记录record
表字段	键key	字段field
字段值	值value	值value
主外键	无	PK,FK
灵活度扩展性	极高	差

图 4-2

MongoDB 的常用术语如表 4-1 所示。

表 4-1 MongoDB 常用术语

术 语	说 明
database	数据库,MongoDB 数据库软件中可以建立多个数据库
collection	集合,一组数据的集合,可以理解为 JavaScript 中的数组
document	文档,一条具体的数据,可以理解为 JavaScript 中的对象

（续表）

术　语	说　明
field	字段，文档中的属性名称，可以理解为 JavaScript 中的对象属性
id	每个文档中都拥有一个唯一的 id 字段，相当于 SQL 中的主键（primary key）
view	视图，可以看作一种虚拟的（非真实存在的）集合，与 SQL 中的视图类似。从 MongoDB3.4 版本开始提供了视图功能，它通过聚合管道技术实现
lookup	聚合操作，MongoDB 用于实现类似表连接（tablejoin）的聚合操作符

MongoDB 的特点是高性能、易部署、易使用、存储数据非常方便。

MongoDB 主要功能特性有：

- 面向集合的存储：适合存储对象及 JSON 形式的数据。
- 动态查询：MongoDB 支持丰富的查询表达式。查询指令使用 JSON 形式的标记，可轻易查询文档中内嵌的对象及数组。
- 完整的索引支持：包括文档内嵌对象及数组。MongoDB 的查询优化器会分析查询表达式，并生成一个高效的查询计划。
- 查询监视：MongoDB 包含一个监视工具，用于分析数据库操作的性能。
- 复制及自动故障转移：MongoDB 数据库支持服务器之间的数据复制，支持主-从模式及服务器之间的相互复制。复制的主要目标是提供冗余及自动故障转移。
- 高效的传统存储方式：支持二进制数据及大型对象（如照片或图片）。
- 自动分片以支持云级别的伸缩性：自动分片功能支持水平的数据库集群，可动态添加额外的机器。

MongoDB 适用的场合包括：

- 网站数据：MongoDB 非常适合实时的插入、更新与查询，并具备网站实时数据存储所需的复制及高度伸缩性。
- 缓存：由于 MongoDB 性能很高，因此也适合作为信息基础设施的缓存层。在系统重启之后，由 MongoDB 搭建的持久化缓存层可以避免下层的数据源过载。
- 大尺寸低价值的数据：使用传统的关系数据库存储一些大尺寸低价值数据可能会比较昂贵，在使用 MongoDB 之前，很多时候程序员会选择传统的文件进行存储。
- 高伸缩性的场景：MongoDB 非常适合由数十或数百台服务器组成的数据库。MongoDB 的路线图中已经包含了对 MapReduce 引擎的内置支持。
- 用于对象及 JSON 数据的存储：MongoDB 的 BSON 数据格式非常适合文档化格式的存储及查询。

总之，MongoDB 是一种高度灵活的 NoSQL 数据库，它允许开发者在不需要预定义表结构的情况下存储和管理数据。这意味着业务逻辑的变更可以更快速地反映在数据库层面，而不必担心繁复的数据表结构调整。因其与业务发展的紧密结合和对快速迭代的支持，数据库管理员（DBA）、架构师以及高级工程师都应该掌握 MongoDB 的使用和最佳实践。这样的技能能够帮助他们在构建和维护现代应用程序时更加高效和灵活。

4.2 MongoDB 数据库环境搭建

本节介绍如何搭建 MongoDB 数据库环境。

4.2.1 MongoDB 数据库下载与安装

具体操作步骤如下：

步骤01 进入 MongoDB 官网下载社区版本，下载地址为 https://www.mongodb.com/download-center/community，单击"Select package"按钮选择相应的安装包，然后单击"Download"按钮进行下载，如图 4-3 所示。

图 4-3

> **注　意**
> 如果在安装最新版本时遇到问题，可以选择低版本进行安装。

步骤02 双击下载下来的安装包 mongodb-windows-x86_64-7.0.2-signed.msi，进入安装引导界面，如图 4-4 所示。

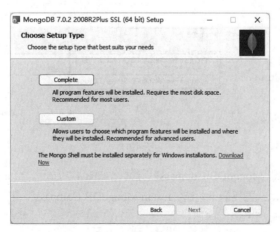

图 4-4

步骤 03 在安装引导界面选择"Custom",修改程序安装路径为"D:\Program Files\MongoDB\Server\7.0\",然后单击"Next"按钮,如图4-5所示。

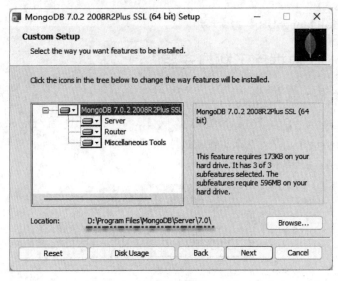

图 4-5

步骤 04 进入"Service Configuration"界面,修改 MongoDB 数据和日志存放的路径,将它们从默认的 C 盘更改为 D 盘(像数据这样的重要信息尽量不要存放在 C 盘,以免重装系统时丢失数据),然后单击"Next"按钮,如图4-6所示。

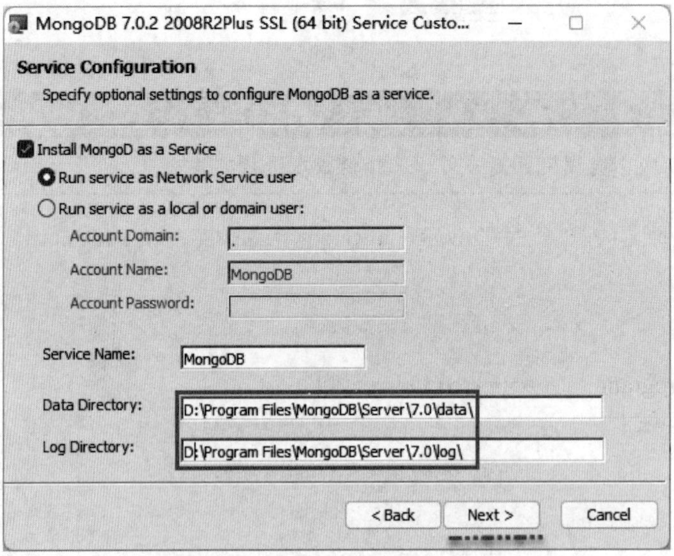

图 4-6

步骤 05 进入"Install MongoDB Compass"界面,如图4-7所示。MongoDB Compass 是可视化管理工具,默认是勾选的,这里我们不勾选"Install MongoDB Compass",若勾选的话可能很长时间都一直在执行安装。然后单击"Next"按钮。

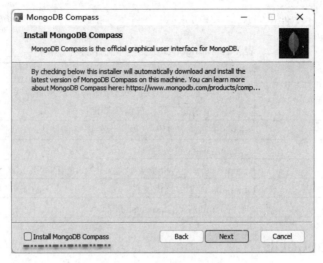

图 4-7

步骤 06 在进入的界面中，单击 Install 按钮，稍等片刻后，出现如图 4-8 所示的界面，表示 MongoDB 安装完成。

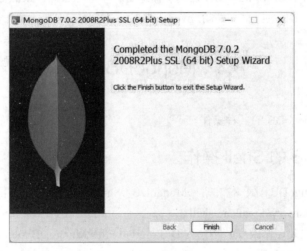

图 4-8

我们进入 D:\Program Files\MongoDB\Server\7.0\bin 目录，可以看到结果如图 4-9 所示。

此电脑 › 本地磁盘 (D:) › Program Files › MongoDB › Server › 7.0 › bin

名称	修改日期	类型	大小
InstallCompass.ps1	2023/9/26 17:53	Windows Power...	2 KB
mongod.cfg	2023/10/14 18:23	CFG 文件	1 KB
mongod.exe	2023/9/26 20:17	应用程序	64,304 KB
mongod.pdb	2023/9/26 20:17	iPDF.PDB	1,006,548...
mongos.exe	2023/9/26 20:13	应用程序	38,868 KB
mongos.pdb	2023/9/26 20:13	iPDF.PDB	571,924 KB

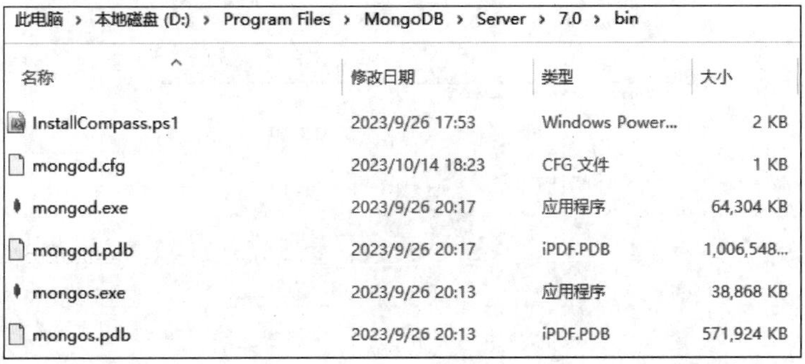

图 4-9

MongoDB 主要程序文件说明如表 4-2 所示。

表 4-2 MongoDB 主要程序文件说明

文件	说明
mongod.exe	用来连接到 MongoDB 数据库服务器，即服务器端。用于处理数据请求、管理数据访问，并执行后台管理操作
mongod.pdb	mongod 程序数据库文件，主要用于调试
mongod.cfg	MongoDB 配置文件
mongos.exe	mongos.exe 是 Windows 平台的 MongoDB Shard（即 mongos）的构建
mongos.pdb	mongos 程序数据库文件
InstallCompass.ps1	安装 Compass 的 powershell 脚本

4.2.2 启动 MongoDB

如果我们在安装的时候没有勾选"Install MongoDB as a Service"，那么就必须在命令行工具中运行 net start MongoDB，手动启动 MongoDB，否则 MongoDB 将无法连接。

如何验证是否已经启动 MongoDB？在浏览器地址栏中输入 http://localhost:27017，如果出现 It looks like you are trying to access MongoDB over HTTP on the native driver port.信息，就表示安装成功。

4.3 MongoDB 操作

本节主要介绍 MongoDB 的各种操作。

4.3.1 MongoDB 的 Shell 操作

在最新的 MongoDB 版本中，MongoDB Shell 需要单独下载，下载地址为 https://www.mongodb.com/try/download/shell。

下载之后，进行安装，修改安装路径为 D:\Program Files\MongoDB\mongosh\，如图 4-10 所示。

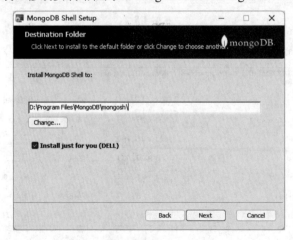

图 4-10

打开 CMD 控制台窗体，输入 mongosh，会提示 "'mongosh'不是内部或外部命令，也不是可运行的程序或批处理文件。"，这是因为没有配置环境变量。我们给 MongoDB Shell 的安装目录配置环境变量，安装路径是前面自定义配置的 "D:\Program Files\MongoDB\mongosh"。配置好环境变量后，重新打开 CMD 控制台，然后输入 mongosh，运行结果如下：

```
C:\Users\DELL>mongosh
Current Mongosh Log ID: 652a7c9161def5baf5cdb57d
Connecting to:          mongodb://127.0.0.1:27017/?directConnection=
true&serverSelectionTimeoutMS=2000&appName=mongosh+2.0.1
Using MongoDB:          7.0.2
Using Mongosh:          2.0.1

For mongosh info see: https://docs.mongodb.com/mongodb-shell/


To help improve our products, anonymous usage data is collected and sent to MongoDB
periodically (https://www.mongodb.com/legal/privacy-policy).
You can opt-out by running the disableTelemetry() command.

------
   The server generated these startup warnings when booting
   2023-10-14T19:32:32.653+08:00: Access control is not enabled for the database. Read
and write access to data and configuration is unrestricted
```

我们可以输入 mongod --help 来查看相关的帮助信息。下面开始 MongoDB 的 Shell 操作。

（1）创建一个数据库——use[databaseName]。

```
> use test
already on db test
```

使用 "use 数据库名称" 创建数据库，这时数据库并没有被真正创建，而是处于 MongoDB 的一个预处理缓存池当中，如果我们什么也不做就离开，那么这个空数据库就会被删除。

（2）查看所有数据库——show dbs。

```
already to db test
test> show dbs
admin   40.00 KiB
config  12.00 KiB
local   72.00 KiB
>
```

这个时候我们看到 test 这个数据库是还没有创建。

（3）给指定数据库添加集合并且添加记录。

旧语法：db.[documentName].insert({...})。

新语法：

```
db.[documentName].insertOne({...})              // 添加单条记录
db.[documentName].insertMany([{...}])           // 添加多条记录
```

```
test> db.user.insert({name:'龙啸天'})
DeprecationWarning: Collection.insert() is deprecated. Use insertOne, insertMany, or
bulkWrite.
{
  acknowledged: true,
  insertedIds: { '0': ObjectId("652a7d5e61def5baf5cdb57e") }
}
test>
```

这里提示 insert 已过期，我们可以用 insertOne 替代。当然，目前不用 insertOne 替代数据，使用 insert 依旧是可以成功添加的。

执行上面语句后才真正创建了数据库 test，我们重新运行 show dbs 查看数据库：

```
test> show dbs
admin   40.00 KiB
config  12.00 KiB
local   72.00 KiB
test    40.00 KiB
test>
```

可以看到多了一个 test 数据库。

（4）查看数据库中的所有文档——show collections。

```
test> show collections
user
```

可以看到有一个 user 文档，这个是在给 test 数据库添加记录的时候创建的。

（5）查看指定文档的数据——db.[documentName].find()&db.[documentName].findOne()。

在这之前，我们先往 user 文档中插入一条记录：

```
test> db.user.insertOne({name:'龙啸云'})
{
  acknowledged: true,
  insertedIds: { '0': ObjectId("652a7e3861def5baf5cdb580") }
}
```

然后查找 user 文档中的所有记录：

```
test> db.user.find()
[
  { _id: ObjectId("652a7d5e61def5baf5cdb57e"), name: '龙啸天' },
  { _id: ObjectId("652a7e3861def5baf5cdb580"), name: '龙啸云' }
]
test>
```

再查找 user 文档中的第一条记录：

```
test> db.user.findOne()
{ _id: ObjectId("652a7d5e61def5baf5cdb57e"), name: '龙啸天' }
test>
```

(6) 更新文档数据——db.[documentName].update({查询条件},{更新内容})。

这里用到了一个 update 方法，该方法的各个参数说明如下：

- 参数 1：查询的条件。
- 参数 2：更新的字段。
- 参数 3：如果不存在则插入。
- 参数 4：是否允许修改多条记录。

例如，更新 name 为"龙啸云"的记录：

```
test> db.user.update({name:'龙啸云'},{$set:{name:'李寻欢'}})
DeprecationWarning: Collection.update() is deprecated. Use updateOne, updateMany, or bulkWrite.
{
  acknowledged: true,
  insertedId: null,
  matchedCount: 1,
  modifiedCount: 1,
  upsertedCount: 0
}
test>
```

(7) 删除文档中的数据——db.[documentName].remove({...})。

首先插入一条测试记录：

```
db.user.insertOne({name:'test'})
```

插入后：

```
> db.user.find()
{ "_id" : ObjectId("5edcbf49baa8d1ed135d6567"), "name" : "龙啸天" }
{ "_id" : ObjectId("5edcbf5abaa8d1ed135d6568"), "name" : "李寻欢" }
{ "_id" : ObjectId("5edcc0d0baa8d1ed135d6569"), "name" : "test" }
```

然后删除文档中的数据：

```
> db.user.remove({name:'test'})
WriteResult({ "nRemoved" : 1 })
>
```

删除后的结果如下：

```
test> db.user.find()
[
  { _id: ObjectId("652a7d5e61def5baf5cdb57e"), name: '龙啸天' },
  { _id: ObjectId("652a7e3861def5baf5cdb580"), name: '李寻欢' }
]
test>
```

(8) 删除数据库——db.dropDatabase()。

为了演示方便，再添加一个数据库 myTest：

```
test> use myTest
```

```
switched to db myTest
myTest>
myTest> db.role.insertOne({name:'管理员'})
{
  acknowledged: true,
  insertedIds: { '0': ObjectId("652a7f3061def5baf5cdb581") }
}
myTest>
```

查看所有数据库：

```
myTest> show dbs
admin    40.00 KiB
config   92.00 KiB
local    72.00 KiB
myTest    8.00 KiB
test    112.00 KiB
myTest>
```

假设要删除 test 数据库，先使用 use test 切换到 test 数据库，然后执行 db.dropDatabase()，执行结果如下：

```
myTest> use test
switched to db test
test> db.dropDatabase()
{ ok: 1, dropped: 'test' }
test>
```

再次查看所有数据库：

```
test> show dbs
admin    40.00 KiB
config   92.00 KiB
local    72.00 KiB
myTest   40.00 KiB
test>
```

可以看到数据库 test 被删除了。

(9) 如何使用 help？

在 MongoDB 的 Shell 环境中，可以使用 help 命令来获取帮助信息。以下是关于 help 命令的一些介绍：

- 使用方式：在 MongoDB 的 Shell 中输入 help 命令，然后按回车键即可查看帮助信息。
- 功能：help 命令可以列出当前 MongoDB Shell 中可用的帮助主题，包括各种命令、函数、操作符等。
- 用途：help 命令可以帮助我们了解如何使用 MongoDB Shell 中的各种功能，以及了解 MongoDB 的各种操作和命令的用法。
- 示例：在 MongoDB Shell 中输入 help 命令后，将看到一个列出可用主题的列表。我们可以输入相应的主题名称来获取更详细的帮助信息，比如输入 help admin 获取有关管理命令的帮助信息。

对于数据库操作的对象，例如 db 和集合（对应于关系数据库中的表），我们也可以使用 help 命令来查看可用的操作。要获取数据库相关的全局帮助信息，可以使用 db.help()；而要获取特定集合相关的帮助信息，可以使用 db.[集合名称].help()。MongoDB Shell 语法与 MySQL 语法的比较如表 4-3 所示。

表 4-3 MongoDB Shell 语法与 MySQL 语法比较

MongoDB 语法	MySQL 语法
db.test.find({'name':'foobar'})	select * from test where name='foobar'
db.test.find()	select * from test
db.test.find({'ID':10}).count()	select count(*) from test where ID=10
db.test.find().skip(10).limit(20)	select * from test limit 10,20
db.test.find({'ID':{$in:[25,35]}})	select * from test where ID in (25,35)
db.test.find().sort({'ID':-1})	select * from test order by ID desc
db.test.distinct('name',{'ID':{$lt:20}})	select distinct(name) from test where ID<20
db.test.group({key:{'name':true},cond:{'name':'foo'},reduce:function(obj,prev){prev.msum+=obj.marks;},initial:{msum:0}})	select name,sum(marks) from test group by name
db.test.find('this.ID<20',{name:1})	select name from test where ID<20
db.test.insert({'name':'foobar','age':25}) –过期语法 db.test.insertOne({'name':'foobar','age':25})–新语法	insert into test ('name','age') values('foobar',25)
db.test.remove({})	delete * from test
db.test.remove({'age':20})	delete test where age=20
db.test.remove({'age':{$lt:20}})	delete test where age<=20
db.test.remove({'age':{$lte:20}})	delete test where age<20
db.test.remove({'age':{$gt:20}})	delete test where age>20
db.test.remove({'age':{$gte:20}})	delete test where age>=20
db.test.remove({'age':{$ne:20}})	delete test where age!=20
db.test.updateOne({'name':'foobar'},{$set:{'age':36}})	update test set age=36 where name='foobar'
db.test.updateOne({'name':'foobar'},{$inc:{'age':3}})	update test set age=age+3 where name='foobar'

注　意

以上命令大小写敏感。

MongoDB 的文档可以参考：https://www.mongodb.org.cn/manual/。

4.3.2 MongoDB 可视化软件

MongoDB 可视化操作软件可以使用图形界面操作数据库。Compass 就是一款 MongoDB 可视化操作软件。Compass 和 MongoDB 的关系如图 4-11 所示。

我们可以去 https://www.mongodb.com/download-center/compass 中下载 Compass，如图 4-12 所示。

图 4-11　　　　　　　　　　　　　　　图 4-12

下载后，双击 mongodb-compass-1.40.3-win32-x64.exe 即可运行，运行结果如图 4-13 所示。

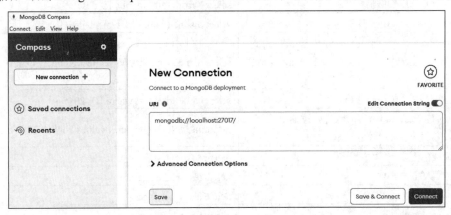

图 4-13

主机地址填 localhost 或者 127.0.0.1，端口默认是 27017，这个就是 MongoDB 的端口。单击 Connect 按钮进入数据库管理界面，如图 4-14 所示。左侧默认有 3 个数据库，分别是 admin、config 和 local，这是系统自带的，不要去修改它们。

图 4-14

4.3.3 MongoDB 导入和导出数据

要使用 MongoDB 导入和导出数据，需要安装 MongoDB 命令行数据库工具——MongoDB Database Tools。其下载地址为 https://www.mongodb.com/try/download/database-tools。

下载之后，进行安装，程序安装地址为"D:\Program Files\MongoDB\Tools\100\"，配置环境变量"D:\Program Files\MongoDB\Tools\100\bin"。

1. 导入数据

语法格式：mongoimport -d 数据库名称 -c 集合名称 -file 要导入的数据文件。

首先，准备一个 book.json 文件，代码如下：

```
{ "bookName": "无字天书", "author": "霹雳邪神", "isPublished": true }
{ "bookName": "玉女心经", "author": "林朝英", "isPublished": true }
{ "bookName": "弹指神通", "author": "黄药师", "isPublished": true }
```

然后，执行如下导入命令：

```
D:\Program Files\MongoDB\Tools\100\bin>mongoimport -d test -c books --file D:\WorkSpace\node_mongodb_vue3_book\codes\chapter4\mongodb-demo\book.json
2023-10-14T20:36:29.398+0800    connected to: mongodb://localhost/
2023-10-14T20:36:29.625+0800    3 document(s) imported successfully. 0 document(s) failed to import.
```

最后，打开可视化工具 Compass 进行查看，结果如图 4-15 所示。

图 4-15

2. 导出数据

语法格式：mongoexport -d <数据库名称> -c <collection 名称> -o <输出文件名称>。
导出的文件为 JSON 文件。

3. 按条件导出

大部分时候我们不需要全库导出，而是在一定查询条件下导出，mongoexport 命令也是支持查询语句的，例如：

```
mongoexport -u user -p pwd! -d dbName -c users -q '{age:20}' -o /data/date.json
```

4.4 MongoDB 索引

MongoDB 索引是一种特殊的数据结构,它存储了 MongoDB 数据库集合中数据的一小部分,使得查询操作能够更加高效。索引支持数据库的快速查找,通常可以大幅度提高数据检索的速度。

索引的工作原理类似于书籍的目录,它们不存储数据本身的全部内容,而是维护足够的信息(如数据的位置),以便数据库引擎能够快速定位到完整的数据记录。没有索引,MongoDB 必须进行集合扫描,即逐条查看集合中的每个文档,以找到匹配查询条件的文档。对于大型集合来说,效率会非常低。

4.4.1 创建简单索引

下面通过一个示例来介绍如何创建简单索引。

(1)创建数据库 books:

```
> use books
```

因为 Shell 是支持 JavaScript 操作的,所以我们可以在 CMD 命令窗口中输入如下初始化脚本:

```
test> use books
switched to db books
books> for(var i=0;i<200000;i++){db.books.insertOne({number:i,name:"book"+
... i})}
{
  acknowledged: true,
  insertedId: ObjectId("652a97eb6da928d12decb3bb")
}
books>
```

由于要插入的记录数很多,因此需要等待一段时间,执行完成之后,在 books 数据库中就有了 books 集合,books 集合中有 20 万条记录。

(2)检查一下查询性能。执行如下脚本,查询 number 值为 20270 的那条记录:

```
var start=new Date().getTime();
db.books.find({number:20270});
var end=new Date().getTime();
end - start;
```

按回车键,运行结果如下:

```
books> var start=new Date().getTime();
books> db.books.find({number:20270});
[
  {
    _id: ObjectId("652a97656da928d12de9f5aa"),
    number: 20270,
    name: 'book20270'
```

```
    }
]
books> var end=new Date().getTime();
books> end - start;
121
books>
```

我们看到花了 121 毫秒。

(3) 为 number 创建索引：

```
books> db.books.ensureIndex({number:1})
[ 'number_1' ]
books> {
...        "createdCollectionAutomatically" : false,
...        "numIndexesBefore" : 1,
...        "numIndexesAfter" : 2,
...        "ok" : 1
... }
```

number 的值为 1 代表升序，为-1 代表降序。在创建索引的时候，由于数据量比较大，会比较耗时，因此我们会看到在创建索引脚本的时候，光标会有一定的延时。

(4) 创建完索引后，再执行同样的脚本来测试查询性能：

```
books> var start=new Date().getTime();
books> db.books.find({number:20270});
[
  {
    _id: ObjectId("652a97656da928d12de9f5aa"),
    number: 20270,
    name: 'book20270'
  }
]
books> var end=new Date().getTime();
books> end - start;
60
books>
>
```

可以看到现在查询只花了 60 毫秒，查询性能提升了 1 倍。

登录可视化工具 Compass，我们也能够在上面看到索引信息，如图 4-16 所示。

使用索引时有如下注意事项：

- 创建索引的时候要注意后面的参数：1 是正序，-1 是倒序。
- 索引在提高查询性能的同时会影响插入的性能，对于经常查询而较少插入的文档可以考虑使用索引。
- 组合索引要注意索引的先后顺序。
- 为每个键都创建索引不一定就能够提高性能。
- 在做排序工作的时候，如果是超大数据量，也可以考虑加上索引来提高排序的性能。

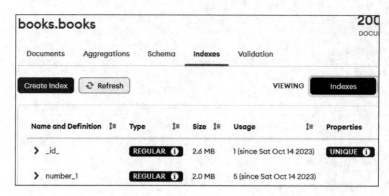

图 4-16

4.4.2 唯一索引

如何让文档 books 不能插入重复的数值？答案就是使用{unique:true}建立唯一索引。

```
db.books.ensureIndex({name:-1},{unique:true})
books> db.books.ensureIndex({name:-1},{unique:true});
[ 'name_-1' ]
books>
```

创建唯一索引后，我们再连续两次插入相同的 name 值，如 db.books.insertOne({name:"hello"})，运行结果如下：

```
books> db.books.insertOne({name:"hello"})
{
  acknowledged: true,
  insertedId: ObjectId("652a9f4d6da928d12decb3bc")
}
books> db.books.insertOne({name:"hello"})
MongoServerError: E11000 duplicate key error collection: books.books index: name_-1 dup
key: { name: "hello" }
books>
```

可以看到，第二次插入时会有错误提示，告诉我们集合 books 中存在重复的 key。

4.4.3 删除重复值

如果创建唯一索引之前已经存在重复数值该如何处理？答案是在创建索引时删除重复值。

```
db.books.ensureIndex({name:-1},{unique:true,dropDups:true})
```

4.4.4 hint

如何强制查询使用指定的索引？要强制 MongoDB 查询使用特定的索引，可以使用 hint()方法。hint()方法允许我们指定一个索引的名称或索引的键模式，从而指导查询优化器使用该索引来执行查询。这在调试查询性能或者执行查询计划分析时非常有用。

```
db.books.find({name:"hello",number:1}).hint({name:-1})
```

> **注　意**
>
> 指定的索引必须是已经创建了的索引。

4.4.5　explain

如何详细查看本次查询使用了哪个索引和查询数据的状态信息？

在使用 MongoDB 进行查询操作时，我们常常需要对查询语句进行优化，以提升查询性能。对此，MongoDB 提供了 explain() 方法，能够帮助我们深入了解查询的执行计划，从而进行必要的优化。explain() 方法的基本语法如下：

```
db.books.find({name:"hello"}).explain()
```

其中，explain() 表示对该查询进行执行计划解析，find(query) 表示要执行的查询语句。

explain() 方法的返回结果是一个包含执行计划信息的文档。执行计划文档示例如下：

```
books> db.books.find({name:"hello"}).explain()
{
  explainVersion: '2',
  queryPlanner: {
    namespace: 'books.books',
    indexFilterSet: false,
    parsedQuery: { name: { '$eq': 'hello' } },
    queryHash: '1AD872C6',
    planCacheKey: '8FF742CC',
    maxIndexedOrSolutionsReached: false,
    maxIndexedAndSolutionsReached: false,
    maxScansToExplodeReached: false,
    winningPlan: {
      queryPlan: {
        stage: 'FETCH',
        planNodeId: 2,
        inputStage: {
          stage: 'IXSCAN',
          planNodeId: 1,
          keyPattern: { name: -1 },
          indexName: 'name_-1',
          isMultiKey: false,
          multiKeyPaths: { name: [] },
          isUnique: true,
          isSparse: false,
          isPartial: false,
          indexVersion: 2,
          direction: 'forward',
          indexBounds: { name: [ '["hello", "hello"]' ] }
        }
      },
      slotBasedPlan: {
        slots: '$$RESULT=s11 env: { s3 = 1697292244730 (NOW), s6 = KS(C3979A939390FFFE04), s1 = TimeZoneDatabase(America/Martinique...America/Boise) (timeZoneDB), s10 = {"name" :
```

```
-1}, s2 = Nothing (SEARCH_META), s5 = KS(C3979A939390FF0104) }',
      stages: '[2] nlj inner [] [s4, s7, s8, s9, s10] \n' +
        '    left \n' +
        '        [1] cfilter {(exists(s5) && exists(s6))} \n' +
        '            [1] ixseek s5 s6 s9 s4 s7 s8 [] @"1b561e13-d3f8-407f-aa1f-6c29953a57f2" ' +
@"name_-1" true \n' +
        '    right \n' +
        '        [2] limit 1 \n' +
        '                        [2]  seek  s4  s11  s12  s7  s8  s9  s10  [] ' +
@"1b561e13-d3f8-407f-aa1f-6c29953a57f2" true false \n'
    }
  },
  rejectedPlans: []
},
command: { find: 'books', filter: { name: 'hello' }, '$db': 'books' },
serverInfo: {
  host: 'zouqj',
  port: 27017,
  version: '7.0.2',
  gitVersion: '02b3c655e1302209ef046da6ba3ef6749dd0b62a'
},
serverParameters: {
  internalQueryFacetBufferSizeBytes: 104857600,
  internalQueryFacetMaxOutputDocSizeBytes: 104857600,
  internalLookupStageIntermediateDocumentMaxSizeBytes: 104857600,
  internalDocumentSourceGroupMaxMemoryBytes: 104857600,
  internalQueryMaxBlockingSortMemoryUsageBytes: 104857600,
  internalQueryProhibitBlockingMergeOnMongoS: 0,
  internalQueryMaxAddToSetBytes: 104857600,
  internalDocumentSourceSetWindowFieldsMaxMemoryBytes: 104857600,
  internalQueryFrameworkControl: 'trySbeEngine'
},
ok: 1
}
books>
```

queryPlanner 字段中的 winningPlan 表示的是 MongoDB 认为最优的查询计划。在 winningPlan 中，我们可以了解到查询使用了哪些索引、索引的选择顺序、过滤条件等信息。

4.4.6 索引管理

使用 MongoDB 时，可以通过各种命令来管理索引。

1. 查看已经建立的索引——db.books.getIndexes()

在 Shell 中查看数据库中已经建立的索引：

```
db.books.getIndexes()
books> db.books.getIndexes()
[
  { v: 2, key: { _id: 1 }, name: '_id_' },
```

```
{ v: 2, key: { number: 1 }, name: 'number_1' },
{ v: 2, key: { name: -1 }, name: 'name_-1', unique: true }
]
```

2. 删除索引

对于不再需要的索引，我们可以将它删除。删除索引时，既可以删除集合中的某一索引，也可以删除全部索引。

删除指定的索引——db.COLLECTION_NAME.dropIndex("INDEX-NAME")。

例如：

```
db.books.dropIndex("name_-1");
```

删除所有索引——dropIndexes()db.COLLECTION_NAME.dropIndexes()。

例如：

```
db.books.dropIndex();
```

4.5 MongoDB 备份与恢复

在 MongoDB 中，备份与恢复是维护数据库安全和完整的重要环节。本节就来介绍 MongoDB 备份与恢复的相关方法。

4.5.1 MongoDB 数据库备份

MongoDB 数据库备份语法如下：

```
mongodump -h dbhost -d dbname -o dbdirectory
```

参数说明：

- -h: MongoDB 所在服务器地址，例如 127.0.0.1。当然也可以指定端口号，例如 127.0.0.1:27017。
- -d: 需要备份的数据库实例，例如 books。
- -o: 备份的数据存放位置，例如 E:\Database\bak_data（当然该目录需要提前建立）。

下面通过一个示例来演示 MongoDB 数据库备份操作。

（1）在服务器上创建文件目录 E:\Database\bak_data。

（2）打开控制台，进入 mongodump.exe 的安装目录 D:\Program Files\MongoDB\Tools\100\bin，然后执行如下命令：

```
mongodump -h 127.0.0.1:27017 -d books -o E:\Database\bak_data
```

运行结果如下：

```
C:\Users\DELL>mongodump -h 127.0.0.1:27017 -d books -o E:\Database\bak_data
2023-10-14T22:15:01.768+0800    writing books.books to E:\Database\bak_data\books\books.bson
2023-10-14T22:15:01.974+0800    done dumping books.books (200001 documents)
```

等备份完成之后，我们可以看到备份目录下面自动创建了一个和数据库名称一样的目录，备份文件如图 4-17 所示。

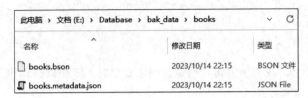

图 4-17

4.5.2 MongoDB 数据库恢复

MongoDB 数据库恢复语法如下：

```
mongorestore -h dbhost -d dbname --dir dbdirectory
```

参数说明：

- -h：MongoDB 所在服务器地址。
- -d：需要恢复的数据库实例，例如 test，当然这个名称也可以和备份时的不一样，比如 test2。
- --dir：备份数据所在位置，例如 /home/mongodump/itcast/。
- --drop：可选参数，恢复的时候，先删除当前数据，然后恢复备份的数据。也就是说，恢复后，备份和修改的数据都会被删除，慎用！

下面通过一个示例来演示 MongoDB 数据库恢复操作。

（1）执行如下命令：

```
mongorestore -h 127.0.0.1:27017 -d books2 --dir E:\Database\bak_data\books。
```

运行结果如下：

```
C:\Users\DELL>mongorestore -h 127.0.0.1:27017 -d books2 --dir E:\Database\bak_data\books
2023-10-14T22:17:25.579+0800    The --db and --collection flags are deprecated for this use-case; please use --nsInclude instead, i.e. with --nsInclude=${DATABASE}.${COLLECTION}
2023-10-14T22:17:25.611+0800    building a list of collections to restore from E:\Database\bak_data\books dir
2023-10-14T22:17:25.612+0800    reading metadata for books2.books from E:\Database\bak_data\books\books.metadata.json
2023-10-14T22:17:25.691+0800    restoring books2.books from E:\Database\bak_data\books\books.bson
2023-10-14T22:17:28.585+0800    [############........]  books2.books  5.30MB/10.4MB (51.0%)
2023-10-14T22:17:31.579+0800    [####################]  books2.books  10.4MB/10.4MB (100.0%)
2023-10-14T22:17:31.587+0800    [####################]  books2.books  10.4MB/10.4MB (100.0%)
2023-10-14T22:17:31.588+0800    finished restoring books2.books (200001 documents, 0 failures)
2023-10-14T22:17:31.589+0800    restoring indexes for collection books2.books from metadata
```

```
2023-10-14T22:17:31.592+0800    index:
&idx.IndexDocument{Options:primitive.M{"name":"number_1", "v":2},
Key:primitive.D{primitive.E{Key:"number", Value:1}},
PartialFilterExpression:primitive.D(nil)}
2023-10-14T22:17:31.598+0800    index:
&idx.IndexDocument{Options:primitive.M{"name":"name_-1", "unique":true, "v":2},
Key:primitive.D{primitive.E{Key:"name", Value:-1}},
PartialFilterExpression:primitive.D(nil)}
2023-10-14T22:17:32.728+0800    200001 document(s) restored successfully. 0 document(s)
failed to restore.
```

（2）打开可视化工具，单击右上角的刷新图标，会看到了一个新恢复的数据库 books2，如图 4-18 所示。

图 4-18

4.6　Mongoose 数据库连接

使用 Node.js 操作 MongoDB 数据库需要依赖 Node.js 第三方包 Mongoose。Mongoose 是一个为 MongoDB 提供方便的模型层的 Node.js 库，它让在 MongoDB 上工作更像是在使用一个 ORM（对象关系映射器）一样，尽管 MongoDB 是一个非关系型的文档存储数据库。

新建目录 mongodb-demo，在该文件目录下依次执行 yarn init、yarn add mongodb、yarn add mongoose（或者 npm init、npm install mongodb、npm install mongoose）去安装第三方包。

使用 Mongoose 提供的 connect 方法即可连接数据库，下面通过一个示例来进行演示。

（1）新建 conn.js 文件，添加如下代码：

```
const mongoose = require('mongoose');
mongoose
  .connect('mongodb://127.0.0.1/admin')
  .then(() => console.log('数据库连接成功'))
  .catch((err) => console.log('数据库连接失败', err));
```

connect 方法中 mongodb 是协议名称，127.0.0.1 是主机地址，因为笔者是把 MongoDB 安装在本机，所以这里配置为 127.0.0.1，而在实际工作中，MongoDB 通常部署安装在专门的数据库服务器上，因此这里就应该配置对应服务器的地址；admin 是数据仓库名称，这里连接的是系统默认仓库 admin。

（2）执行 node conn.js，运行结果如下：

```
D:\WorkSpace\node_mongodb_vue3_book\codes\chapter4\mongodb-demo> node conn.js
数据库连接成功
```

使用 disconnect()方法可以断开连接。

4.7 Mongoose 增、删、改、查操作

本节主要讲解如何通过 Node.js 来操作 MongoDB，也就是通过 Mongoose 对 MongoDB 进行增、删、改、查操作。

在 MongoDB 的上下文中，Schema、Model 和 Entity 的概念通常与 Mongoose 这样的 ODM（对象文档映射器）紧密相关。以下是这些概念的解释：

- Schema：一种以文件形式存储的数据库模型骨架，不具备数据库的操作能力。
- Model：由 Schema 发布生成的模型，具有抽象属性和数据库操作能力。
- Entity：由 Model 创建的实例，能操作数据库。

Schema、Model、Entity 的关系：Schema 生成 Model，Model 创造 Entity，Model 和 Entity 都可以对数据库操作造成影响，但 Model 比 Entity 更具操作性。

mongoose.Schema 是 Mongoose 库中的一个类，用于定义 MongoDB 集合的结构和模式。mongoose.Schema 允许我们定义集合中文档的字段、类型和验证规则。通过使用 mongoose.Schema，我们可以为每个集合创建一个独立的模式对象，并在模式对象中定义属性、类型、默认值和验证规则。

Schema.Type 的类型如下：

- string：一个常规的字符串类型。
- number：可以是整数或浮点数。
- boolean：true 或 false。
- buffer：用于存储二进制数据。
- date：存储日期和时间。
- ObjectId：主键，一种特殊且非常重要的类型，每个 Schema 都会默认配置这个属性，属性名为 _id，除非自己定义，方可覆盖。
- mixed：任何类型的数据，相当于是一个"任何类型"字段。
- array：一个简单的数组类型，可以是上述基本数据类型的数组，比如[string]、[number]等。

4.7.1 创建数据库

在 MongoDB 中不需要显式创建数据库，如果要使用的数据库不存在，MongoDB 会自动创建。
MongoDB 数据库和集合命名规范如下：

- 不能是空字符串。
- 不得含有''（空格）、,、$、/、\、和\0（空字符）。
- 应全部小写。

- 最多 64 字节。
- 数据库名不能与现有系统保留库同名，如 admin、local 及 config。

数据库命名为 db-text 也是合法的，但是不能通过 db.[documentName] 得到，而是通过 db.getCollection("documentName")，因为 db-text 会被当作 db 减 text。

> **注　意**
>
> 一般情况下，MongoDB 数据库只需要连接一次，之后，除非项目停止服务器关闭，否则连接一般不会断开。

4.7.2 创建集合

创建集合分为两步：一是给集合设定规则；二是创建集合，创建 mongoose.Schema 构造函数的实例即可创建集合。

下面演示如何创建集合。

（1）新建 create-data.js 文件，并添加如下代码：

```javascript
// 引入mongoose第三方模块来操作数据库
const mongoose = require('mongoose');

mongoose
  .connect('mongodb://localhost/demo')                    // 数据库连接
  .then(() => console.log('数据库连接成功'))              // 连接成功
  .catch((err) => console.log('数据库连接失败', err));    // 连接失败

// 1.创建集合规则
const bookSchema = new mongoose.Schema({
  bookName: String,
  author: String,
  isPublished: Boolean,
});

// 2.使用规则创建集合
// （1）集合名称
// （2）集合规则
const Book = mongoose.model('Book',bookSchema); // 对应到MongoDB中的集合名books
```

（2）执行 node create-data.js，此时打开 Compass，刷新后会发现左侧仓库列表没有变化，这是因为这个时候虽然创建了数据仓库 demo 和数据集合 books，但是并没有插入数据。

> **注　意**
>
> 在 Mongoose 中，模型的名称通常是以大写字母开头的单词。然而，当这些模型名称在 MongoDB 中转换为集合名称时，Mongoose 默认会将模型名称转换为小写，并在后面加上一个"s"以表示复数。这是 Mongoose 的默认行为，用于将模型名称转换为更符合常规 MongoDB 集合命名的格式。

4.7.3 创建文档

创建文档实际上就是向集合中插入数据。创建文档分为两步：

（1）创建集合实例。
（2）调用实例对象下的 save 方法，将数据保存到数据库中。

下面演示如何创建文档。

（1）继续在 create-data.js 中添加如下代码：

```
// 1.创建文档
const book = new Book({
  bookName: '九阴真经',
  author: '黄裳',
  isPublished: true,
});
// 2.将文档插入数据库中
book.save();
```

另一种插入文档的方式是使用 create 方法，该方法的第一个参数是数据对象，方法返回一个 Promise 对象，所以我们还可以这样写：

```
Book.create({ bookName: '九阳神功', author: '斗酒僧', isPublish: true })
  .then((doc) => {
    console.log(doc); // 当前插入的文档
  })
  .catch((err) => {
    console.log(err); // 错误对象
  });
```

> **注　意**
>
> 所有返回 Promise 对象的方法同样是支持异步函数的（await&async）。

（2）执行 node create-data.js，再去 Compass 上刷新，此时会看到左侧多了一个数据仓库 demo，并且仓库下有 books 集合，如图 4-19 所示。

图 4-19

我们还可以单击右上角的工具栏中的各种视图标签，用于切换数据的展示形式，这里支持树形、

JSON、表格 3 种形式，如图 4-20 所示。

图 4-20

4.7.4 查询文档

文档的查询方式和 Shell 命令基本一样。下面通过示例来演示。

（1）在 search.js 中，连接 test 数据库，并添加如下代码：

```javascript
// 引入mongoose第三方模块来操作数据库
const mongoose = require('mongoose');
mongoose
  .connect('mongodb:// 127.0.0.1/test')          // 数据库连接
  .then(() => console.log('数据库连接成功'))      // 连接成功
  .catch((err) => console.log('数据库连接失败', err));  // 连接失败
// 1.创建集合规则
const bookSchema = new mongoose.Schema({
  bookName: String,
  author: String,
  isPublished: Boolean,
});
// 2.使用规则创建集合
// （1）集合名称
// （2）集合规则
const Book = mongoose.model('Book', bookSchema); // 对应MongoDB中的集合名books
// 根据条件查找文档（条件为空则查找所有文档）
Book.find().then((result) => console.log(result));
```

（2）执行 search.js 代码，查询会返回所有文档集合：

```
node search.js
// 数据库连接成功
[
  {
    _id: new ObjectId("652a8b4de8d092f3a581a9ce"),
    bookName: '无字天书',
    author: '霹雳邪神',
    isPublished: true
  },
  {
    _id: new ObjectId("652a8b4de8d092f3a581a9cf"),
    bookName: '弹指神通',
    author: '黄药师',
    isPublished: true
  },
  {
    _id: new ObjectId("652a8b4de8d092f3a581a9d0"),
```

```
    bookName: '玉女心经',
    author: '林朝英',
    isPublished: true
  }
]
```

根据条件查找文档：

```
Book.findOne({ author: '林朝英' }).then((result) => console.log(result));
```

从 findOne 的名字就可以看出它最多只查询一条记录。

运行结果如下：

```
{
  _id: 5edce92273ff4919847ae255,
  bookName: '玉女心经',
  author: '林朝英',
  isPublished: true
}
```

为了演示其他一些较为复杂的查询方式，笔者重新准备了一份数据——user.json，代码如下：

```
{"name":"张无忌","age":30,"skill":"九阳神功、乾坤大挪移、圣火令武功","title":"明教教主"}
{"name":"杨逍","age":48,"skill":"弹指神通、乾坤大挪移","title":"明教光明左使"}
{"name":"谢逊","age":50,"skill":"七伤拳、狮吼功","title":"金毛狮王"}
{"name":"殷天正","age":70,"skill":"鹰爪擒拿手","title":"白眉鹰王"}
{"name":"张三丰","age":120,"skill":"太极拳、太极剑、纯阳无极功","title":"武当派祖师"}
```

首先，执行如下命令将 user.json 导入数据库 test 中：

```
mongoimport -d test -c users --file D:\WorkSpace\node_mongodb_vue3_book\codes\chapter4\mongodb-demo\user.json
```

导入后，数据库中数据记录如图 4-21 所示。

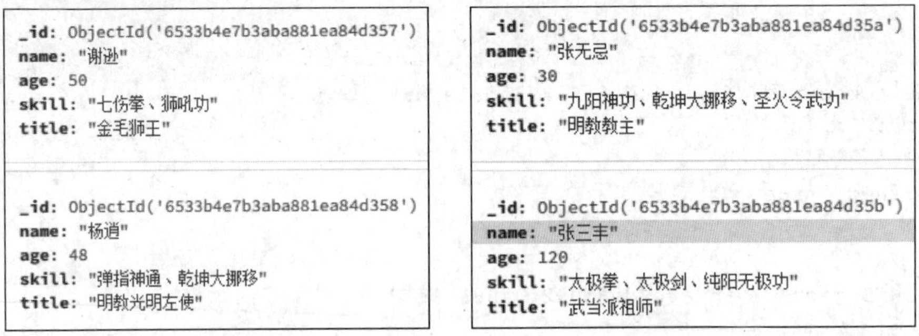

图 4-21

下面开始进行复杂的查询。

（1）查询 age 在 50（含）和 80 之间的记录。

新建 high-search.js 文件，代码如下：

```
const mongoose = require('mongoose');
mongoose
  .connect('mongodb:// 127.0.0.1/test')         // 数据库连接
  .then(() => console.log('数据库连接成功'))     // 连接成功
  .catch((err) => console.log('数据库连接失败', err));  // 连接失败
const userSchema = new mongoose.Schema({
  name: String,
  age: Number,
  skill: String,
  title: String,
});

const User = mongoose.model('User', userSchema);
// 1.查询 age 在 50（含）和 80 之间的记录 age>=50&&age<80
User.find({ age: { $gte: 50, $lt: 80 } }).then((res) => console.log(res))
```

执行 node high-search.js，结果如下：

```
// 数据库连接成功
[
  {
    _id: new ObjectId("6533b4e7b3aba881ea84d357"),
    name: '谢逊',
    age: 50,
    skill: '七伤拳、狮吼功',
    title: '金毛狮王'
  },
  {
    _id: new ObjectId("6533b4e7b3aba881ea84d359"),
    name: '殷天正',
    age: 70,
    skill: '鹰爪擒拿手',
    title: '白眉鹰王'
  }
]
```

（2）匹配包含——in。

查询 age 是 30 和 50 的记录，在 high-search.js 中继续添加如下代码：

```
// 2.匹配包含
User.find({ age: { $in: [30, 50] } }).then((res) => console.log(res));
```

执行 node high-search.js，结果如下：

```
[
  {
    _id: new ObjectId("6533b4e7b3aba881ea84d357"),
    name: '谢逊',
    age: 50,
```

```
    skill: '七伤拳、狮吼功',
    title: '金毛狮王'
  },
  {
    _id: new ObjectId("6533b4e7b3aba881ea84d35a"),
    name: '张无忌',
    age: 30,
    skill: '九阳神功、乾坤大挪移、圣火令武功',
    title: '明教教主'
  }
]
```

（3）选择要查询的字段——select。

查询 name 和 age 字段，在 high-search.js 中继续添加如下代码：

```
User.find()
  .select('name age')
  .then((res) => console.log(res));
```

执行 node high-search.js，结果如下：

```
[
  {
    _id: new ObjectId("6533b4e7b3aba881ea84d357"),
    name: '谢逊',
    age: 50
  },
  {
    _id: new ObjectId("6533b4e7b3aba881ea84d358"),
    name: '杨逍',
    age: 48
  },
  {
    _id: new ObjectId("6533b4e7b3aba881ea84d359"),
    name: '殷天正',
    age: 70
  },
  {
    _id: new ObjectId("6533b4e7b3aba881ea84d35a"),
    name: '张无忌',
    age: 30
  },
  {
    _id: new ObjectId("6533b4e7b3aba881ea84d35b"),
    name: '张三丰',
    age: 120
  }
]
```

（4）按照年龄进行排序——sort。

在 high-search.js 中继续添加如下代码：

```
// age 升序
User.find()
  .sort('age')
  .then((res) => console.log(res));
// age 降序
User.find()
  .sort({ age: -1 })   // sort(-age)
  .then((res) => console.log(res));
```

（5）分页查询——skip、limit。

skip 用于跳过多少条数据，limit 用于限制查询数量。在 high-search.js 中继续添加如下代码：

```
User.find()
  .skip(3)
  .limit(2)
  .then((res) => console.log(res));
```

上述代码表示跳过前面 3 条记录，取 2 条记录。执行 node high-search.js，结果如下：

张三丰、谢逊

（6）模糊查询。

利用正则表达式可以进行模糊查询。例如，查询所有 name 中带有"张"的记录：

```
User.find({ name: /张/ }).then((res) => console.log(res));
```

4.7.5 删除文档

删除文档有删除单个文档和批量删除两种。

1. 删除单个文档

使用 findOneAndDelete 方法查找并删除单个文档。例如：

```
User.findOneAndDelete({ name: '张无忌' }).then(res=>{console.log(res)});
```

> **说　明**
>
> 根据查找条件找到要删除的文档并将它删除，操作成功会返回删除的文档；如果根据查找条件匹配了多个文档，那么只会删除第一个匹配的文档。

2. 批量删除

要批量删除文档，可以使用 deleteMany 方法，语法格式如下：

```
User.deleteMany({删除条件}).then(result => console.log(result))
```

> **说　明**
>
> 当 deleteMany 方法中不传入条件时，默认删除所有文档。

4.7.6 更新文档

1. 更新单个文档

更新单个文档可以使用 updateOne 方法，语法格式如下：

```
User.updateOne({查询条件}, {要修改的值}).then(result => console.log(result))
```

> **说　明**
>
> 根据查找条件找到要更新的文档并更新，如果匹配了多个文档，那么只会更新匹配成功的第一个文档。

2. 更新多个文档

要更新多个文档，可以使用 updateMany 方法，语法格式如下：

```
User.updateMany({查询条件}, {要更改的值}).then(result => console.log(result))
```

4.7.7 Mongoose 验证

Mongoose 提供了一个强大的验证系统，可以在保存文档之前确保数据的有效性。验证是定义在 Schema 类型上的。

在创建集合规则时，可以设置当前字段的验证规则，如果数据不满足这些验证规则，则在尝试保存文档时会引发验证错误，并且文档不会被插入数据库中。

常用的验证属性如下：

- required: true：必传字段。
- minlength：字符串最小长度。
- maxlength：字符串最大长度。
- min：数字的最小范围。
- max：数字的最大范围。
- enum：枚举，列举出当前字段可以拥有的值。
- trim: true：去除字符串两边的空格。
- validate：自定义验证器。
- default：默认值。

获取错误信息：error.errors['字段名称'].message。

下面通过具体示例来进行演示。

（1）新建 validate.js 文件，添加如下代码增加验证规则：

```javascript
const mongoose = require('mongoose');
mongoose
  .connect('mongodb://127.0.0.1/test')                    // 数据库连接
  .then(() => console.log('数据库连接成功'))               // 连接成功
  .catch((err) => console.log('数据库连接失败', err));     // 连接失败
```

```js
const userSchema = new mongoose.Schema({
  name: {
    type: String,
    validate: {
        validator: val => {
            // 返回布尔值:true 表示验证成功，false 表示验证失败
            // val:要验证的值
            return val && val.length > 2
        },
        // 自定义错误信息
        message: '传入的值不符合验证规则'
    }
  },
  age: {
    type: Number,
    // 数字的最小范围
    min: 18,
    // 数字的最大范围
    max: 100,
  },
  skill: {
    type: String,
    // 枚举,列举出当前字段可以拥有的值
    enum: {
        values: ['九阴真经', '蛤蟆功', '降龙十八掌', '一阳指'],
        message: '该武功不存在'
    }
  },
  title: {
    type: String,
    // 必选字段
    required: [true, '请传入头衔名称'],
    // 字符串的最小长度
    minlength: [2, '头衔长度不能小于2'],
    // 字符串的最大长度
    maxlength: [5, '头衔长度最大不能超过10'],
    // 去除字符串两边的空格
    trim: true,
  },
});
```

（2）插入测试代码：

```js
const User = mongoose.model('User', userSchema);
// 插入文档进行测试
User.create({
  name: '萧峰',
  age: 33,
  skill: '擒龙功',
  title: '丐帮帮主、辽国南院大王、完颜阿骨打的结拜兄弟',
})
```

```
  .then((result) => console.log(result))
  .catch((error) => {
    // 获取错误信息对象
    const err = error.errors;
    // 循环错误信息对象
    for (var attr in err) {
      // 将错误信息打印到控制台中
      console.log(err[attr]['message']);
    }
  });
```

（3）执行代码 node validate.js，结果如下：

```
传入的值不符合验证规则
该武功不存在
头衔长度最大不能超过 10
```

4.7.8　集合关联

通常不同集合的数据之间是有关系的，例如事件信息和用户信息存储在不同集合中，但事件是某个用户制造的，要查询事件的所有信息就应该包括事件制造用户，此时就需要用到集合关联。这其实就相当于关系数据库中外键的概念，表和表之间是通过外键来进行关联的。

集合关联分为两步：

（1）使用 id 对集合进行关联。

（2）使用 populate 方法进行关联集合查询。

下面通过具体的示例来进行演示。

（1）新建 union-search.js 文件，添加如下代码：

```
// 引入 mongoose 第三方模块来操作数据库
const mongoose = require('mongoose');
mongoose
  .connect('mongodb://127.0.0.1/test')           // 数据库连接
  .then(() => console.log('数据库连接成功'))      // 连接成功
  .catch((err) => console.log('数据库连接失败', err));  // 连接失败

// 事件集合规则
const eventSchema = new mongoose.Schema({
  name: {
    type: String,
  },
  createOn: {
    type: Date,
    default: Date.now,
  },
  // 使用 id 将用户和事件关联
  createBy: {
    type: mongoose.Schema.Types.ObjectId,
```

```
    ref: 'User',
  },
});
const Event = mongoose.model('Event', eventSchema);
const userSchema = new mongoose.Schema({
  name: String,
  age: Number,
  skill: String,
  title: String,
});
const User = mongoose.model('User', userSchema);

// 创建事件
// 注意,这里的 createBy 值是在数据库中找到的张三丰的_id 属性值
Event.create({
  name: '一招击退玄冥二老',
  createBy:'6533b4e7b3aba881ea84d35b',
}).then((res) => console.log(res));
```

(2) 先创建一条事件数据,然后注释创建事件数据的代码,执行联合查询:

```
// 查找事件
Event.find()
  .populate('createBy')
  .then((res) => console.log(res));
```

(3) 执行 node union-search.js,结果如下:

```
// 数据库连接成功
[
  {
    _id: new ObjectId("6533b952091c193d7393ef11"),
    name: '一招击退玄冥二老',
    createBy: {
      _id: new ObjectId("6533b4e7b3aba881ea84d35b"),
      name: '张三丰',
      age: 120,
      skill: '太极拳、太极剑、纯阳无极功',
      title: '武当派祖师'
    },
    createOn: 2023-10-21T11:43:14.288Z,
    __v: 0
  }
]
```

我们可以看到,当查找事件的时候,与它关联的 User 集合数据也一并查找出来了。

第 5 章

art-template 模板引擎

本章将深入探讨模板引擎的基础概念和语法，以及通过案例——用户管理来帮助读者更好地理解和运用 art-template 模板引擎。

首先，将介绍模板引擎的基础概念，内容包括模板引擎及 art-template 简介。然后，将深入研究模板引擎的语法，包括输出、原文输出、条件判断、循环、子模板、模板继承和模板配置等重要内容。最后，将通过用户管理案例来进行实际操作，从而将理论知识应用于实际项目中。

本章学习目标

- 能够使用模板引擎渲染数据
- 能够使用模板引擎进行原文输出
- 能够使用循环输出数据
- 能够引用子模板
- 能够进行模板继承
- 能够利用前面所学的知识自自己动手做一个简单的 CRUD 应用

5.1 模板引擎的基础概念

5.1.1 模板引擎

模板引擎是一个将页面模板和要显示的数据结合生成 HTML 页面的工具，它可以让开发者以更加友好的方式拼接字符串，使项目代码更加清晰，更加易于维护。模板引擎属于第三方模块。

模板引擎最早诞生于服务端，后来才发展到了前端。服务端渲染其实就是在服务端使用模板引擎，客户端渲染是在浏览器中完成的。

服务端渲染和客户端渲染的区别如下：

- 客户端渲染不利于 SEO（搜索引擎优化）。
- 服务端渲染是可以被爬虫抓取到的，而客户端异步渲染是很难被爬虫抓取到的。

我们会发现，真正的网站既不是纯异步也不是纯服务端渲染出来的，而是两者结合来做的。例如京东的商品列表为了进行搜索引擎优化，采用的是服务端渲染；而它的商品评论列表以用户体验为目的，不需要进行搜索引擎优化，所以采用的是客户端渲染。

如果读者做过.Net Web 开发，那么一定熟悉 ASPX 视图引擎和 Razor 视图引擎；熟悉 Java Web 的开发者，想必也知道 Thymeleaf、FreeMarker、Velocity 等视图引擎，视图引擎也叫作模板引擎。

在 Node.js 中也有许多的模板引擎，例如 Pug（原名叫 jade）、EJS、art-template 等。下面介绍一下各种模板引擎的优缺点。

1. Pug

Pug 的优点如下：

- 简洁的语法：Pug 使用缩进来表示 HTML 结构，因此代码看起来非常简洁。
- 可读性：Pug 的代码结构通常更容易阅读和维护，尤其适合项目需要协作开发的情况。
- 易于集成：Pug 可以轻松与 Express 等 Node.js 框架集成。

缺点如下：

- 学习曲线：对于初学者来说，Pug 的语法可能需要一些时间来适应，特别是已经习惯了常规的 HTML 的时候。
- 可用性：相对于其他模板引擎，Pug 的生态系统可能较小，找到支持的插件可能会有一些限制。

2. EJS

EJS 的优点如下：

- 类似于普通 HTML：EJS 的模板语法更接近 HTML，所以对于前端开发者来说，上手更容易。
- 相对广泛的支持：EJS 在许多不同的 JavaScript 框架和环境中都有广泛的支持。
- 动态性：EJS 允许我们在模板中嵌入 JavaScript 代码，因此可以在模板中执行更复杂的逻辑。

缺点如下：

- 语法烦琐：EJS 的模板语法相对烦琐，尤其是在处理循环和条件语句时。
- 容易出错：因为 EJS 允许嵌入 JavaScript 代码，所以在模板中可能会出现潜在的安全风险，需要小心处理。

3. art-template

art-template 的优点如下：

- 高性能：art-template 被设计为高性能模板引擎，渲染速度较快。
- 功能丰富：art-template 支持丰富的模板功能，包括条件语句、循环、过滤器等。
- 可扩展性：art-template 支持自定义标签和插件，使我们可以根据项目的需求扩展其功能。
- 速度相当快，全中文文档，语法简单，同时兼容 EJS 语法。

缺点如下：

- 较少的社区支持：相对于 Pug 和 EJS，art-template 的社区支持可能较小，因此可能难以找到相关的资源和解决方案。
- 学习曲线：对于初学者来说，art-template 的学习曲线可能相对陡峭。

注意，art-template 的后缀名为.art 而不是.html。

每个模板引擎都有其独特的优势和限制，具体选择哪种模板引擎取决于项目需求、个人偏好和团队的技能，应根据具体情况来决定。本章我们讲解的是 art-template。

5.1.2 art-template 简介

art-template 中文官网地址是 https://aui.github.io/art-template/zh-cn/。

art-template 支持模板继承与子模板，支持 Express、Koa、Webpack 等其他框架。

art-template 有 3 个核心方法：

```
// 基于模板名渲染模板
template(filename, data);
// 将模板源代码编译成函数
template.compile(source, options);
// 将模板源代码编译成函数并立刻执行
template.render(source, data, options);
```

如果使用的是 Visual Studio Code，则建议安装插件 Art Template Helper。

Visual Studio Code 若要识别自定义后缀模板，则需要修改配置文件。以 art 后缀模板为例，打开 Visual Studio 菜单 Preference 里面的 Settings，搜索"associations"，修改 settings.json，添加如下配置：

```
{
    "files.associations": {
        "*.art": "html"
    }
}
```

或者进行可视化配置，如图 5-1 所示。

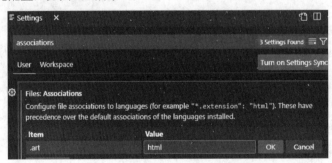

图 5-1

art-template 使用步骤如下：

步骤 01 在命令行工具中使用 yarn add art-template 或者 npm install art-template --save 命令下载 art-template。

步骤 02 使用 const template = require('art-template')引入模板引擎。

步骤 03 告诉模板引擎要拼接的数据和模板在哪儿，const html = template('模板路径', 数据);。

步骤 04 使用模板语法告诉模板引擎，模板与数据应该如何进行拼接。

下面通过一个示例来演示模板引擎的用法。

（1）创建目录 art-template，在目录 art-template 下执行 yarn init，初始化 package.json，然后执行 yarn add art-template 安装 art-template。

（2）在 art-template 中新建子目录 tmpl，用于存放模板文件。

（3）在 tmpl 目录下新建 1.art 文件，输入如下代码：

```
<!DOCTYPE html>
<html lang="en">
<head>
    <meta charset="UTF-8">
    <meta name="viewport" content="width=device-width, initial-scale=1.0">
    <title>Document</title>
</head>
<body>
    {{ name }}
    {{ age }}
</body>
</html>
```

（4）新建 1.js 文件，输入如下代码：

```
// 导入模板引擎模块
const template = require('art-template');
const path = require('path');
const tmpl = path.join(__dirname, 'tmpl', '1.art');

// 将特定模板与特定数据进行拼接
const html = template(tmpl, {
  name: '石中玉',
  age: 20,
});
console.log(html);
```

（5）在控制台终端运行 node 1.js，结果如下：

```
<!DOCTYPE html>
<html lang="en">
<head>
    <meta charset="UTF-8">
    <meta name="viewport" content="width=device-width, initial-scale=1.0">
    <title>Document</title>
</head>
<body>
    石中玉
    20
</body>
</html>
D:\WorkSpace\node_mongodb_vue3_book\codes\chapter5\art-template>
```

我们看到模板中的变量已经替换为数据的属性值。

> **小技巧**
>
> 可以先将模板文件的扩展名设置为 html，待添加好相应的 HTML 代码后，再将后缀名改为 art，最后添加 art 模板代码。

5.2 模板引擎语法

art-template 同时支持两种模板语法，分别是标准语法和原始语法。标准语法可以让模板更容易读写，而原始语法具有强大的逻辑处理能力。

- 标准语法支持基本模板语法以及基本 JavaScript 表达式。
- 原始语法支持任意 JavaScript 语句，这和 EJS 一样。

1. 输出

标准语法：{{数据}}。

原始语法：<%=数据%>。

标准语法示例如下：

```
{{if user}}
    <h2>{{user.name}}</h2>
{{/if}}
```

原始语法示例如下：

```
<% if (user) { %>
    <h2><%= user.name %></h2>
<% } %>
```

2. 原文输出

标准语法：{{@数据}}。

原始语法：<%-数据%>。

如果数据中携带 HTML 标签，默认模板引擎不会解析标签，而是将它转义后输出，使用示例如下：

```
<!-- 标准语法 -->
<h2>{{@ value }}</h2>
<!-- 原始语法 -->
<h2><%- value %></h2>
```

3. 条件判断

标准语法：

```
<!-- 标准语法 -->
{{if 条件}} ... {{/if}}
{{if v1}} ... {{else if v2}} ... {{/if}}
```

原始语法:

```
<!-- 原始语法 -->
<% if (value) { %> ... <% } %>
<% if (v1) { %> ... <% } else if (v2) { %> ... <% } %>
```

4. 循环

标准语法: {{each 数据}} {{/each}}。

原始语法: <% for() { %> <% } %>。

标准语法示例如下:

```
<!-- 标准语法 -->
{{each target}}
    {{$index}} {{$value}}
{{/each}}
```

target 支持 array 与 object 的迭代, 其默认值为$data。$value 与$index 可以自定义: {{each target val key}}。

原始语法示例如下:

```
<!-- 原始语法 -->
<% for(var i = 0; i < target.length; i++){ %>
    <%= i %> <%= target[i] %>
<% } %>
```

5. 子模板

使用子模板可以将网站公共区块（头部、底部）抽离到单独的文件中。

标准语法: {{include '模板'}}。

原始语法: <%include('模板') %>。

标准语法示例如下:

```
<!-- 标准语法 -->
{{include './header.art'}}
```

原始语法示例如下:

```
<!-- 原始语法 -->
<% include('./header.art') %>
```

6. 模板继承

模板继承允许构建一个包含站点共同元素的基本模板"骨架"。使用模板继承可以将网站 HTML 骨架抽离到单独的文件中，其他页面模板可以继承骨架文件。各模板之间的关系如图 5-2 所示。

不同的页面引入的 CSS、JS 文件和 HTML 内容不一样时，如何解决不同页面中独有的资源的问题？我们可以先在父模板页中占位，然后在子模板页面填充内容到指定占位位置。下面通过一个示例来进行演示。

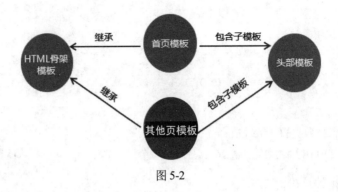

图 5-2

（1）骨架模板 layout.art 代码如下：

```
<!doctype html>
<html>
    <head>
        <meta charset="utf-8">
        <title>HTML 骨架模板</title>
        {{block 'head'}}{{/block}}
    </head>
    <body>
        {{block 'content'}}{{/block}}
    </body>
</html>
```

注意，用 block 指定占位的时候，要起一个名字用于标识。

（2）首页模板 index.art 代码如下：

```
<!--index.art 首页模板-->
{{extend "./layout.art"}}
{{block 'head'}}
<link rel="stylesheet" href="../css/index.css"> {{/block}}
{{block 'content'}} <p>{{ msg }}——我就是我</p> {{/block}}
```

渲染 index.art 后，将自动应用布局骨架 layout.art，并将 index.art 中特有的内容渲染到指定位置。

（3）2.js 代码如下：

```
const template = require('art-template');
const path = require('path');
const views = path.join(__dirname, 'tmpl', 'index.art');
const html = template(views, {
  msg: '首页模板',
});
console.log(html);
```

（4）执行 node 2.js，结果如下：

```
PS D:\WorkSpace\node_mongodb_vue3_book\codes\chapter5\art-template> node 2.js
<!doctype html>
<html>
<head>
```

```html
    <meta charset="utf-8">
    <title>HTML骨架模板</title>
<link rel="stylesheet" href="../css/index.css">
</head>
<body>
    <p>首页模板——我就是我</p>
</body>
</html>
```

7. 模板配置

模板配置通常指的是在使用模板引擎时，设置各种选项以控制模板的行为和渲染方式。配置可以包括定义模板文件的位置、设置默认的模板扩展名、配置模板语法选项等。

1）向模板中导入变量

语法：template.defaults.imports.变量名=变量值;。

2）设置模板根目录

语法：template.defaults.root=模板目录;。

3）设置模板默认后缀

语法：template.defaults.extname = '.art';。

这其实就相当于全局配置。

下面以日期格式化组件 moment.js 为例进行模板配置。

（1）执行如下命令安装 moment.js：

```
yarn add moment 或 npm install moment -save
```

（2）date.html 代码如下：

```
当前日期是：{{moment(now).format('YYYY-MM-DD')}}
```

（3）3.js 代码如下：

```js
const template = require('art-template');
const path = require('path');
const moment = require('moment');
// 导入模板变量
template.defaults.imports.moment = moment;
// 设置模板的根目录
template.defaults.root = path.join(__dirname, 'tmpl');
// 配置模板的默认后缀
template.defaults.extname = '.html';
const html = template('date', {
  now: new Date(),
});
console.log(html);
```

template 方法中有两个参数：第一个参数是模板的绝对路径或模板的文件名称；第二个参数是要在模板中显示的数据，是一个对象类型。

(4）执行 node 3.js，结果如下：

当前日期是：2023-10-12

5.3 案例——用户管理

本节通过一个具体的案例——用户管理来演示模板引擎的应用，以便强化 Node.js 项目制作流程。

5.3.1 案例介绍

（1）案例需求：可以新增和删除用户，可以采用列表的形式展示用户数据列表。
（2）需要用到的知识点：HTTP 请求响应、数据库、模板引擎、静态资源访问。
（3）UI 界面样式用的 Bootstrap 3。
（4）案例界面展示效果：添加页面如图 5-3 所示，列表页面如图 5-4 所示。

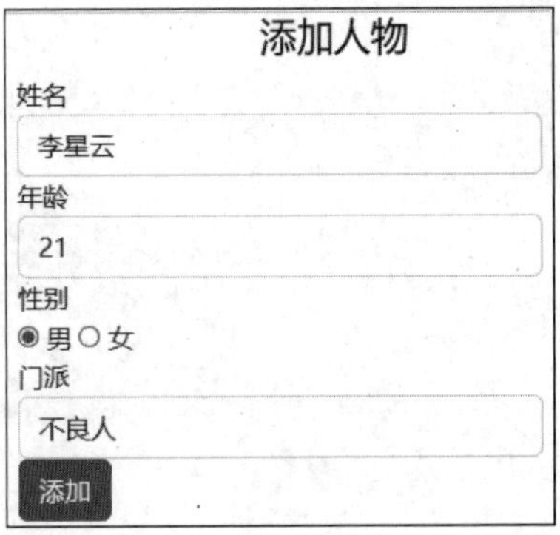

图 5-3

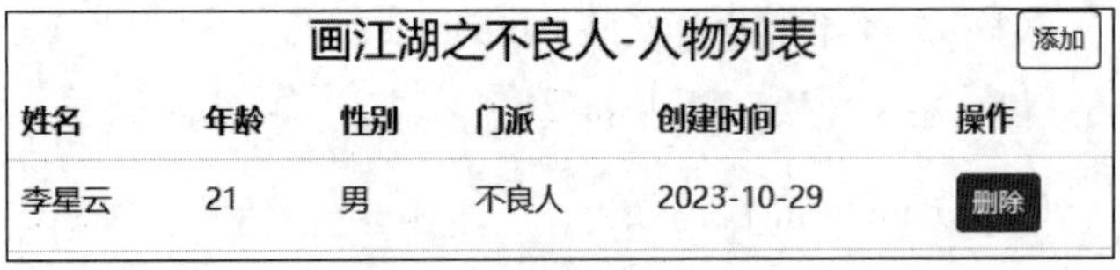

图 5-4

（5）第三方模块：router 和 serve-static。

- 第三方模块 router。

虽然在前面 3.5.2 节中，我们已经通过自己编码的形式来实现了路由，但是这样的代码非常杂乱，很不友好，因此可以使用第三方路由模块 router 来管理路由。

router 使用步骤如下：

步骤 01 获取路由对象。
步骤 02 调用路由对象提供的方法创建路由。
步骤 03 启用路由，使路由生效。

示例代码如下：

```
const getRouter = require('router')
const router = getRouter();
router.get('/list', (req, res) => {
    res.end('大唐不良人何在')
```

```
})
server.on('request', (req, res) => {
    router(req, res)
})
```

- 第三方模块 serve-static。

前面的 Node 服务器端只处理了动态请求，如果是一些静态资源请求，我们需要用到第三方模板 serve-static。serve-static 用于实现静态资源访问服务，其使用步骤如下：

步骤 01 引入 serve-static 模块获取创建静态资源服务功能的方法。
步骤 02 调用方法创建静态资源服务并指定静态资源服务目录。
步骤 03 启用静态资源服务功能。

示例代码如下：

```
const serveStatic = require('serve-static')
const serve = serveStatic('public')
server.on('request', () => {
    serve(req, res)
})
server.listen(3000)
```

5.3.2 案例操作

1. 建立项目目录和描述文件

新建目录 user-manage，在该目录下运行命令 yarn init -y 或 npm init -y，进行项目初始化。初始化完成之后，会在根目录下生成 package.json 文件。

依次安装如下第三方模块：

```
yarn add art-template mongoose moment serve-static router
```

或者

```
npm i art-template -save
npm i mongoose -save
npm i moment -save
npm i serve-static -save
npm i router -save
```

2. 创建网站服务器

网站服务器可以实现客户端和服务器端的通信。在网站根目录下添加入口文件 index.js，代码如下：

```
// 引入 http 模块
const http = require('http');

// 创建网站服务器
const app = http.createServer();
// 当客户端访问服务器端的时候
app.on('request', (req, res) => {
```

```
    res.end('success');
});
// 端口监听80端口
app.listen(80);
console.log('服务器启动成功');
```

看起来很完美，接下来运行 nodemon index.js，如果出现如下运行结果：

```
D:\WorkSpace\node_mongodb_vue3_book\codes\chapter5\user-manage>nodemon i
ndex
.js
[nodemon] 3.0.1
[nodemon] to restart at any time, enter `rs`
[nodemon] watching path(s): *.*
[nodemon] watching extensions: js,mjs,json
[nodemon] starting `node index.js`
服务器启动成功
Uncaught Error Error: listen EADDRINUSE: address already in use :::80
...
```

说明 80 端口已经被占用了。谁会占用 80 端口呢？很可能是 Web 服务器。笔者的计算机上安装了 IIS 服务器，因此接下来可以去停用 IIS 上默认站点占用的 80 端口，如图 5-5 所示。

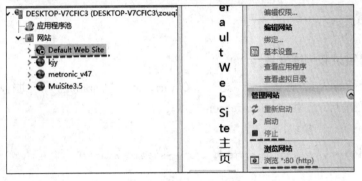

图 5-5

如果嫌麻烦，也可以不监听 80 端口，换一个其他未被占用的端口，例如 9999。

如果不确定是哪个应用占用了 80 端口，可以在 CMD 控制台执行命令 cd c:\WINDOWS\system32\，即可将当前操作路径切换到 Windows 操作系统的系统目录下，然后输入 netstat -an，查看当前运行的端口。

当我们停止 Default Web Site 默认站点后，再执行 nodemon index.js，运行结果如下：

```
D:\WorkSpace\node_mongodb_vue3_book\codes\chapter5\user-manage>nodemon i
ndex.js
[nodemon] 3.0.1
[nodemon] to restart at any time, enter `rs`
[nodemon] watching path(s): *.*
[nodemon] watching extensions: js,mjs,json
[nodemon] starting `node index.js`
服务器启动成功
```

此时我们的服务端程序正常运行了。最后，打开谷歌浏览器，访问 http://localhost/，会看到如图 5-6 所示的结果。

3. 连接数据库并设计表

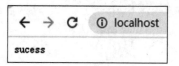

图 5-6

这一步是连接数据库并根据需求设计人员信息表。根据 MVC 设计规则，我们首先对各个模块进行抽离，新建目录 model，然后在这个目录下新建数据库连接文件 conn.js，并输入如下代码：

```
const mongoose = require('mongoose');
// 连接数据库
mongoose.connect('mongodb://127.0.0.1/user-manage', { useNewUrlParser: true })
  .then(() => console.log('数据库连接成功'))
  .catch(() => console.log('数据库连接失败'))
```

这个文件是通过 Mongoose 来连接 MongoDB 数据库的。

接下来创建数据实体。继续在 model 目录下新建 user.js 文件，构造我们的实体模型，代码如下：

```
const mongoose = require('mongoose');
// 创建人员集合规则
const userSchema = new mongoose.Schema({
  // 姓名
  name: {
    type: String,
    required: true,
    minlength: 2,
    maxlength: 10,
  },
  // 年龄
  age: {
    type: Number,
    min: 10,
    max: 400,
  },
  // 性别
  sex: {
    type: String,
    enum: {
      values: ['男', '女'],
      message: '只能选男和女',
    },
  },
  // 门派
  school: {
    type: String,
    enum: {
      values: ['0', '1', '2', '3', '4', '5'],
    },
  },
  // 创建时间
  createOn: {
```

```
    type: Date,
    default: Date.now,
  },
});
// 创建人员信息集合
const User = mongoose.model('User', userSchema);
// 将人员信息集合进行导出
module.exports = User;
```

4．创建路由和设置页面模板

如果了解后端的 MVC 框架，就应该非常清楚，在控制器中可以实现路由。因此，新建目录 controller，然后在目录下新建文件 user-controller.js，并输入如下代码：

```
// 引入 router 模块
const getRouter = require('router');
// 获取路由对象
const router = getRouter();
// 人员信息集合
const User = require('../model/user');
// 引入模板引擎
const template = require('art-template');
// 引入 querystring 模块
const querystring = require('querystring');
// 用于处理 URL 地址
const url = require('url');
const schools = require('../data/json.js');
const moment = require('moment');

// 添加人员信息页面
router.get('/add', (req, res) => {
  let html = template('add-user.art', {});
  res.end(html);
});
// 删除人员
router.get('/delete', async (req, res) => {
  let { query } = url.parse(req.url, true);
  let id = query.id;
  let delRes = await User.findOneAndDelete({ _id: id });
  console.log(delRes);
const pageUrl='/list?d=' +moment().valueOf(); // 刷新页面，改变 URL 地址
  res.writeHead(301, {
      //Location: '/list',
    Location: pageUrl
  });
  res.end();
});
// 人员信息列表页面
router.get('/list', async (req, res) => {
  // 查询人员信息
  let users = await User.find();
```

```
    console.log(users);
    let html = template('list.art', {
      users: users,
      schools: schools,
    });
    res.end(html);
  });
// 实现人员信息添加功能路由——接收 POST 请求参数
router.post('/add', (req, res) => {
  let formData = '';
  req.on('data', (param) => {
    formData += param;
  });
  req.on('end', async () => {
    let item = querystring.parse(formData);
    // console.log('item', item);
    await User.create(item).catch((err) => {
      res.write(err.message);
    });
    res.writeHead(301, {
      Location: '/list',
    });
    res.end();
  });
});
module.exports = router;
```

> **说　明**
>
> 响应码 301 是页面重定向的意思。删除人员后，在界面跳转的 URL 地址上，有时我们会在后面加一个变化的标识，可以是 guid 或者时间戳，目的是和上一次的 URL 地址进行区分。因为当我们进行页面跳转的时候，如果 URL 地址一样，浏览器就会因 url 缓存的缘故而不重新发起请求，但是当 URL 地址变化之后，浏览器页面会强制刷新。

此外，这里还会用到枚举数据，因此在 data 目录下创建一个 json.js 文件，用于存放静态的 json 数据，代码如下：

```
const schools = ['不良人', '玄冥教', '通文馆', '幻音坊', '天师府', '万毒窟'];
module.exports = schools;
```

这里把枚举值设置为一个数组，数组的索引值就对应到枚举值，以方便调用。

控制器完成之后，接下来设置页面模板，也就是 MVC 中的视图（view）。新建 view 目录，然后在该目录下新建文件 add-user.art，作为添加用户的页面模板，代码如下：

```
<!DOCTYPE html>
<html lang="en">

<head>
<meta charset="UTF-8">
<meta name="viewport" content="width=device-width, initial-scale=1.0">
```

```html
    <title>添加人物</title>
    <!-- 最新版本的 Bootstrap 核心 CSS 文件 -->
    <link rel="stylesheet" href="/css/bootstrap.css">
    <style>
        .add-content {
            width: 400px;
            margin: 0 auto;
        }
        h4 {
            text-align: center;
        }
    </style>
</head>

<body>
    <div class="add-content">
        <h4>添加人物</h4>
        <form class="form-horizontal" action="/add" method="post">
            <div class="form-group">
                <label for="name" class="col-sm-2 control-label">姓名</label>
                <div class="col-sm-10">
                    <input type="text" class="form-control" id="name" name="name" placeholder="请输入姓名">
                </div>
            </div>
            <div class="form-group">
    <label for="age" class="col-sm-2 control-label">年龄</label>
                <div class="col-sm-10">
                    <input type="number" class="form-control" name="age" placeholder="请输入年龄">
                </div>
            </div>
            <div class="form-group">
                <label class="col-sm-2 control-label">性别</label>
                <div class="col-sm-10">
                    <label class="radio-inline">
                    <input type="radio" name="sex" value="男"> 男
                    </label>
                    <label class="radio-inline">
                     <input type="radio" name="sex" value="女"> 女
                    </label>
                </div>
            </div>
            <div class="form-group">
                <label for="school" class="col-sm-2 control-label">门派</label>
                <div class="col-sm-10">
                    <select class="form-control" name="school">
                        <option value='0'>不良人</option>
                        <option value='1'>玄冥教</option>
                        <option value='2'>通文馆</option>
```

```
                    <option value='3'>幻音坊</option>
                    <option value='4'>天师府</option>
                    <option value='5'>万毒窟</option>
                </select>
            </div>
        </div>
        <div class="form-group">
            <div class="col-sm-offset-2 col-sm-10">
    <button type="submit" class="btn btn-primary">添加</button>
            </div>
        </div>
    </form>
</div>
</body>
</html>
```

> **说　明**
>
> 在 form 表单中要设置 action，表示这个表单的请求地址；设置 method，指明请求的方式，表单提交通常设置为 POST 方式。此外，表单中的元素要设置 name 属性，name 属性值要和数据表中的字段名称保持一致，这样做是为了方便，不需要额外进行处理就可以直接提交表单数据。因为要触发提交表单的按钮，所以 type 设置为 submit。

接下来继续添加人员列表模板 list.art，代码如下：

```
<!DOCTYPE html>
<html lang="en">

<head>
    <meta charset="UTF-8">
    <meta name="viewport" content="width=device-width, initial-scale=1.0">
    <title>画江湖之不良人-人物列表</title>
    <link rel="stylesheet" href="./css/bootstrap.min.css">
    <style>
        .list-content {
            width: 600px;
            margin: 0 auto;
        }
        h4 {
            text-align: center;
            position: relative;
        }
        h4 a {
            position: absolute;
            right: 8px;
            top: 0px;
        }
    </style>
</head>
```

```
<body>
    <div class="list-content">
        <h4>画江湖之不良人-人物列表 <a href="/add" class="btn btn-default btn-sm active">添加</a></h4>
        <table class="table table-hover">
            <thead>
                <tr>
                    <th>姓名</th>
                    <th>年龄</th>
                    <th>性别</th>
                    <th>门派</th>
                    <th>创建时间</th>
                    <th>操作</th>
                </tr>
            </thead>
            <tbody>
                {{each users}}
                <tr>
                    <td>{{$value.name}}</td>
                    <td>{{$value.age}}</td>
                    <td>{{$value.sex}}</td>
                    <td>{{schools[$value.school]}}</td>
                    <td>{{moment($value.createOn).format('YYYY-MM-DD')}}</td>
                    <td><a href="/delete?id={{@$value._id}}" class="btn btn-danger btn-sm active">删除</a></td>
                </tr>
                {{/each}}
            </tbody>
        </table>
    </div>
</body>
</html>
```

在进行单击删除操作时，传递参数的位置是 href="/delete?id={{@$value._id}}"。在绑定参数值时，确保在参数值$value._id 之前加上@符号，这样可以防止传递的参数带有引号。

5. 实现静态资源访问

UI 界面使用 Bootstrap 样式，可以去 Bootstrap 官网下载，官网地址是 https://v3.bootcss.com/。下载后解压安装包 bootstrap-5.3.0-alpha1-dist.zip，将其目录下的文件全部复制到 public 目录下。由于我们只用到了样式，因此暂时只需引入样式文件即可，如果要用到 Bootstrap 中的一些 JavaScript 功能，那么必须把 JS 文件也引入过来。

如果想使用 CDN，也可以去 https://www.bootcdn.cn/ 上找到想要的 UI 库对应的 CDN 地址。

实现静态资源访问的代码如下：

```
// 引入 http 模块
const http = require('http');
// 引入模板引擎
const template = require('art-template');
// 引入 path 模块
```

```js
const path = require('path');
// 引入静态资源访问模块
const serveStatic = require('serve-static');
// 引入处理日期的第三方模块
const moment = require('moment');

const router = require('./controller/user-controller');
// 实现静态资源访问服务
const serve = serveStatic(path.join(__dirname, 'public'));

// 配置模板的根目录
template.defaults.root = path.join(__dirname, 'view');
// 处理日期格式的方法
template.defaults.imports.moment = moment;

// 数据库连接
require('./model/connjs');

// 创建网站服务器
const app = http.createServer();
// 当客户端访问服务器端的时候
app.on('request', (req, res) => {
  // 启用路由功能
  router(req, res, () => {});
  // 启用静态资源访问服务功能
  serve(req, res, () => {});
});
// 端口监听
app.listen(80);
console.log('服务器启动成功');
```

> **注　意**
>
> 如果页面中用到了静态资源，那么一定要对静态资源进行处理，否则浏览器会一直加载，然后什么内容也不显示。因为静态资源文件会单独发起一个 HTTP 请求，我们要对这些请求做出响应，否则浏览器客户端会一直处于等待状态。

最终的项目代码目录结构如图 5-7 所示。

图 5-7

6. 运行程序

最后，我们来运行程序。在控制台窗口运行 nodemon index.js，结果如下：

```
[nodemon] 3.0.1
[nodemon] to restart at any time, enter `rs`
[nodemon] watching path(s): *.*
[nodemon] watching extensions: js,mjs,cjs,json
[nodemon] starting `node index.js`
服务器启动成功
数据库连接成功
```

如果觉得每次都手动输入命令比较麻烦，可以直接利用 Visual Studio Code 中的可视化操作，或者直接按快捷键，如图 5-8 所示。

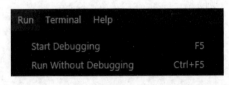

图 5-8

需要注意的是，我们要运行哪个文件，就打开哪个文件，再来执行运行操作。这里有两种运行方式，一种是调试模式下运行，另一种是非调试模式下运行。

当服务器运行成功之后，就打开浏览器，在地址栏中输入 http://localhost/list，就可以访问程序了。

至此，一个简单的用户管理案例就制作完成了。读者可能会发现，这个案例实现起来有点复杂，下一章将会介绍基于 Node.js 的 Web 应用框架 Express，使用它可以简化开发流程。

第 6 章

Express 框架

本章将深入讲解 Express 框架的核心概念和功能。

首先,将详细介绍 Express 框架,包括 Express 框架是什么以及它的特性。

然后,将介绍中间件的概念,包括中间件的作用、如何在 Express 中应用中间件、错误处理中间件和异常捕获。其次,将介绍 Express 的请求处理,包括构建路由、模块化路由以及获取 GET 和 POST 参数。此外,还将介绍 Express 路由参数和静态资源处理。再次,将介绍 express-art-template 模板引擎的使用。

最后,将深入谈谈 express-session,包括 Session 的简介、express-session 的使用方法以及常用参数。

让我们一起探索 Express 框架的强大功能,为构建高效的 Web 应用程序打下坚实的基础。

本章学习目标

- 了解什么是 Express 框架
- 掌握 Express 的常用中间件
- 熟悉 Express 请求处理
- 熟悉 express-art-template 模板引擎
- 熟悉 express-session

6.1 Express 框架简介

Express 是一个基于 Node.js 平台的 Web 应用开发框架,它提供了一系列强大特性,帮助我们创建各种 Web 应用。Express 框架的特性如下:

- 提供了方法简洁的路由定义方式。
- 对获取 HTTP 请求参数进行了简化处理。
- 对模板引擎支持程度高,方便渲染动态 HTML 页面。Express 虽然没有内置模板引擎,但是对市面上主流的模板引擎都提供了很好的支持。
- 提供了中间件机制,能够有效控制 HTTP 请求。

- 拥有大量第三方中间件对功能进行扩展。

Express 的官网地址是 https://www.expressjs.com.cn/。

我们可以使用 yarn add expres 或者 npm i express --save 命令进行下载和安装。

在前面章节，我们相当于是自己搭建 Node.js 的 Web 应用，有了 Express，我们就可以更加专注于业务，而不是底层细节。

6.2 中间件

本节主要介绍与中间相关的内容。

6.2.1 什么是中间件

中间件就是一堆方法，它接收客户端发来的请求，可以对请求做出响应，也可以将请求交给下一个中间件处理。这里可以先简单理解为对请求的拦截处理。

中间件很像管道，在管道中我们可以设置各种各样的控制，例如增加过滤器等。管道请求处理如图 6-1 所示。

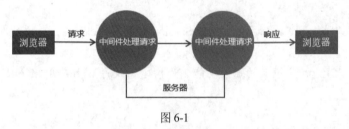

图 6-1

中间件主要由两部分组成：中间件方法和请求处理函数。中间件方法由 Express 提供，负责拦截请求；而请求处理函数则由开发人员提供，负责处理请求。例如：

```
app.get('请求路径', '处理函数');
app.post('请求路径', '处理函数');
```

可以针对同一个请求设置多个中间件，对同一个请求进行多次处理。默认情况下，请求从上到下依次匹配中间件，一旦匹配成功，将会终止匹配。但是，我们可以调用 next 方法将请求的控制权交给下一个中间件，直到遇到结束请求的中间件才会终止匹配。下面通过一个具体的示例来演示中间件的使用。

（1）新建目录 express-demo，在该目录下的控制台中执行 yarn init –y 命令，生成 package.json 文件，然后执行 npm i express 命令安装 Express。

（2）在 express-demo 目录下新建文件 app.js 作为入口文件，同时修改 package.json 的 main 属性为 app.js。app.js 代码如下：

```
// 0. 安装 yarn add express 或 npm i express --save
// 1. 引包
const express = require('express');
```

```
// 2. 创建服务器应用程序——也就是原来的 http.createServer
const app = express();

app.get('/about', function (req, res, next) {
  req.name = '参见大帅';
  next();
});
app.get('/about', function (req, res) {
  res.send(req.name);
});
// 相当于 server.listen
app.listen(80, function () {
  console.log('应用运行在80端口');
});
```

（3）在 Visual Studio Code 中执行 Run→Run Without Debugging 命令，然后选择 Node.js，如图 6-2 所示。

或者直接在控制台终端运行 nodemon，这样就会自动运行 app.js，启动 Web 服务器，然后在浏览器中访问 http://localhost/about，结果如图 6-3 所示。

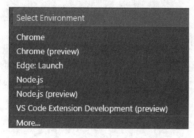

图 6-2

图 6-3

6.2.2 app.use 中间件用法

app.use 匹配所有的请求方式，可以直接传入请求处理函数，代表接收所有的请求。下面通过一个示例来进行演示。

（1）新建 app-use.js 文件，代码如下：

```
const express = require('express');
const app = express();
app.use((req,res,next)=>{
    console.log(req.url);
    next();
})
```

app.use 的第一个参数也可以传入请求地址，代表不论什么请求方式，只要是这个请求地址就接收这个请求，例如：

```
app.use('/about',(req,res,next)=>{
    console.log(req.url);
    next();
})
```

鉴于app.use可以接收所有请求，通常将它放置在其他路由请求的前面。

（2）在原app.js中添加如下代码：

```
app.use((req, res, next) => {
  console.log('一天是不良人，一辈子都是');
  next();
});
app.use('/about, (req, res, next) => {
  console.log('本帅300年功力岂是你能撼动的');
  next();
});
```

（3）运行代码，在浏览器中访问http://localhost/about，服务器控制台中的运行结果如下：

```
应用运行在80端口
一天是不良人，一辈子都是
本帅300年功力岂是你能撼动的
```

6.2.3 中间件应用

1. 路由保护、权限验证

客户端在访问需要登录的页面时，可以先使用中间件判断用户是否登录，如果用户未登录，则拦截请求，禁止用户进入需要登录才能访问的页面。下面通过一个示例来进行演示。

（1）新建login-validate.js文件，代码如下：

```
const express = require('express');
const app = express();

app.use('/admin', (req, res, next) => {
  let isLogin = false;
  if (isLogin == true) {
    next();
  } else {
    res.send('请先登录');
  }
});
app.use('/admin', (req, res) => {
  res.send('这是后台管理页面');
});
app.use('/login', (req, res) => {
  res.send('这是登录页面');
});
app.listen(80, function () {
  console.log('应用运行在80端口');
});
```

（2）执行nodemon login-validate.js，结果如下：

```
[nodemon] 3.0.1
[nodemon] to restart at any time, enter `rs`
```

```
[nodemon] watching path(s): *.*
[nodemon] watching extensions: js,mjs,json
[nodemon] starting `node login-validate.js`
应用运行在 80 端口
```

（3）在浏览器中访问 http://localhost/admin，结果如图 6-4 所示。

图 6-4

2. 网站维护公告

在所有路由的最前面定义接收所有请求的中间件，直接为客户端做出响应："网站维护中..."。示例如下：

修改 app.js，在所有中间件的最前面添加如下代码：

```
app.use((req, res, next) => {
  res.send('网站维护中...');
});
...
```

3. 定义 404 页面

当用户访问的页面不存在时，可以指定一个状态码为 404 的友好页面展示给客户。因此，这个中间件要放到所有路由的最后面定义，因为中间件是按照从上至下的顺序来匹配的。示例如下：

修改 app.js，在所有中间件的最后添加如下代码：

```
...
app.use((req, res, next) => {
  res.status(404); // 指定响应状态码
  res.send('页面不存在');
});
```

6.2.4 错误处理中间件

在程序执行过程中，不可避免地会出现一些无法预料的错误，例如数据库操作失败等。错误处理中间件就是专门用来捕捉和处理应用程序中的错误的中间件。在大多数 Web 应用框架中，这种中间件的设计旨在捕获在处理 HTTP 请求时抛出的异常，并根据异常类型决定返回给客户端的响应。错误处理中间件通常会在中间件管道的最后执行，以确保它可以捕获前面中间件中发生的所有错误。

程序一旦出现错误，就会终止运行，所以错误处理中间件应该捕获异常。示例如下：

（1）新建 error.js 文件，添加如下代码：

```
const express = require('express');
const app = express();

app.get('/index', (req, res) => {
  throw new Error('报错了'); // 抛出一个异常
});
// 错误处理中间件
app.use((err, req, res, next) => {
```

```
  res.status(500).send('服务器错误');
});
app.listen(80);
console.log('网站服务器启动成功,监听80端口');
```

(2)执行 nodemon error.js,然后在浏览器中访问 http://localhost/index,结果如图 6-5 所示。

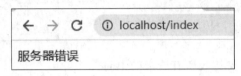

图 6-5

错误处理中间件默认只能捕获到同步代码执行出错,如果异步代码执行出错,就需要调用 next() 方法,并将错误信息通过参数的形式传递给 next()方法,方可触发错误处理中间件。示例如下:

(1)新建 async-error.js 文件,输入如下代码:

```
const express = require('express');
const fs = require('fs');
const app = express();

app.get('/file', (req, res, next) => {
  // 读取一个不存在的文件,引发错误
  fs.readFile('/1.txt', (err, data) => {
    if (err) {
      next(err);
    }
  });
});
// 错误处理中间件
app.use((err, req, res, next) => {
  res.status(500).send(err.message);
});
app.listen(80);
console.log('网站服务器启动成功,监听80端口');
```

(2)执行 nodemon async-error.js,然后在浏览器中访问 http://localhost/file,结果如图 6-6 所示。

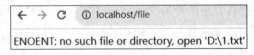

图 6-6

在 Node.js 中,异步 API 的错误信息都是通过回调函数获取的,支持 Promise 对象的异步 API 发生错误时,可以通过 catch 方法捕获。

try catch 可以捕获异步函数以及其他同步代码在执行过程中发生的错误,但是不能捕获其他类型的 API 发生的错误。在我们编写代码过程中,在可能出现异常的地方要使用 try catch 进行捕获,以提升代码的健壮性。示例如下:

新建 try-catch.js 文件,添加如下代码:

```
const express = require('express');
const fs = require('fs');
const app = express();
app.get('/file',async (req, res, next) => {
  // 捕获异常
  try{
    await fs.readFile('/1.txt')
  }
  catch(err){
      next(err);
  }
});
// 错误处理中间件
app.use((err, req, res, next) => {
  res.status(500).send(err.message);
});
app.listen(80);
console.log('网站服务器启动成功，监听80端口');
```

6.3 Express 请求处理

Express 的作用简单来说就是模拟后端服务器，而前后端的交互是通过路由和请求来实现的。

6.3.1 构建路由

我们通过一个示例来介绍如何在 Express 中创建路由对象和二级路由。

（1）添加 router.js 文件，代码如下：

```
// 引入 Express 框架
const express = require('express');
// 创建网站服务器
const app = express();
// 创建路由对象
const admin = express.Router();
// 为路由对象匹配请求路径
app.use('/admin', admin);
// 创建二级路由
admin.get('/about', (req, res) => {
  res.send('我们是大唐不良人');
});
app.listen(80);
console.log('网站服务器启动成功，监听80端口');
```

（2）执行 nodemon router.js，然后在浏览器中访问 http://localhost/admin/about，结果如图 6-7 所示。

图 6-7

6.3.2 构建模块化路由

那么如何将路由进行模块化呢？模块化就意味着要将不同的路由抽取到不同的文件当中去。下面通过一个示例来进行演示。

（1）新建 router 目录，用于存放所有拆分的路由文件。

（2）新建 me.js 文件，代码如下：

```
const express = require('express');
const me = express.Router();
me.get('/index', (req, res) => {
  res.send('我是画江湖之不良人');
});
module.exports = me;
```

（3）新建 school.js 文件，代码如下：

```
const express = require('express');
const school = express.Router();
school.get('/index', (req, res) => {
  res.send('这里是不良人总坛');
});
module.exports = school;
```

（4）新建 module-router.js 文件，代码如下：

```
// 引入 Express 框架
const express = require('express');
// 创建网站服务器
const app = express();
// 引入路由
const me = require('./router/me');
const school = require('./router/school');
// 为路由对象匹配请求路径
app.use('/me', me);
app.use('/school', school);
app.listen(80);
console.log('网站服务器启动成功，监听 80 端口');
```

运行结果如图 6-8 所示。

 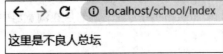

图 6-8

6.3.3 GET 参数的获取

在 Express 框架中使用 req.query 即可获取 GET 参数,框架内部会将 GET 参数转换为对象并返回。下面通过一个示例来进行演示。

(1) 新建 get-params.js 文件,代码如下:

```
const express = require('express');
const app = express();
app.get('/index', (req, res) => {
  // 获取get请求参数
  res.send(req.query);
});
app.listen(80);
console.log('网站服务器启动成功,监听80端口');
```

(2) 执行 nodemon get-params.js,并在浏览器中访问 http://localhost/index?name=yujie&age=31,结果如图 6-9 所示。

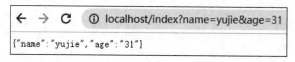

图 6-9

6.3.4 POST 参数的获取

POST 中的参数通常是由表单提交过来的,先回顾一下之前的表单是如何提交的:

- 表单中需要提交的表单控件元素必须具有 name 属性。
- 表单提交分为默认的提交行为和表单异步提交。
- 表单的 action 属性就是表单提交的地址,即请求的 URL 地址,method 属性表示请求方法(POST/GET)。

在 Express 中,接收 POST 请求参数需要借助第三方包——body-parser。可以使用 yarn add body-parser 或 npm i body-parser 命令安装 body-parser。

下面通过一个示例来演示如何获取 POST 参数。

(1) 新建 post-params.js 文件,代码如下:

```
const express = require('express');
const app = express();
const bodyParser = require('body-parser');
// 拦截所有请求
app.use(bodyParser.urlencoded({ extended: false }));
app.post('/add', (req, res) => {
  res.send(req.body);
});
app.listen(80);
console.log('网站服务器启动成功,监听80端口');
```

urlencoded 方法中，extended 参数的值的含义如下：

- extended:false，表示方法内部使用 queryString 模块处理请求参数的格式。
- extended:true，表示方法内部使用第三方模块 qs 处理请求参数的格式。qs 是一个用于序列化和解析 URL 查询字符串的 JavaScript 库。在前端开发中，经常需要处理 URL 查询参数，qs 库提供了方便的方法来实现这一功能。它可以将 JavaScript 对象序列化为 URL 查询字符串，也可以将 URL 查询字符串解析为 JavaScript 对象，使得在处理 HTTP 请求时能够方便地处理传递的参数。

（2）新建 HTML 页面 post.html，代码如下：

```
<!DOCTYPE html>
<html lang="en">
<head>
    <meta charset="UTF-8">
    <meta name="viewport" content="width=device-width, initial-scale=1.0">
    <title>Document</title>
</head>
<body>
    <form action="http://localhost/add" method="POST">
        <div><label>姓名: </label><input type="text" value="" name="username" /></div>
        <div><label>年龄: </label><input type="text" value="" name="age" /></div>
        <div><input type="submit" value="提交" /></div>
    </form>
</body>
</html>
```

（3）执行 nodemon post-params.js，然后打开 post.html 页面，最终结果如图 6-10 所示。

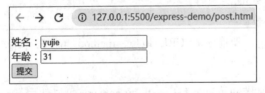 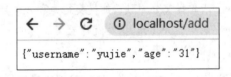

图 6-10

6.3.5 Express 路由参数

对于路由传参，通常有两种写法：

- 请求时采用?key=val 的形式，获取时使用 req.query。
- 定义时采用/:key1/:key2 的形式，请求时采用/val1/val2 的形式，获取时使用 req.params。

下面主要介绍直接在路由地址当中以占位符的形式传递参数。

（1）新建 router-params.js 文件，添加如下代码：

```
const express = require('express');
const app = express();
app.get('/detail/:id', (req, res) => {
```

```
    res.send(req.params);
});
app.listen(80);
console.log('网站服务器启动成功，监听80端口');
```

（2）运行代码，然后在浏览器中访问 http://localhost/detail/12，结果如图 6-11 所示。

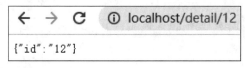

图 6-11

6.3.6 静态资源处理

通过 Express 内置的 express.static 方法可以方便地托管静态文件，例如 CSS、IMG、JS 等文件。在 app.js 中添加如下代码：

```
const path=require('path');
const app = express();
// 实现静态资源访问
app.use(express.static(path.join(__dirname,'public')));
```

这样 public 目录下的资源文件就可以直接访问了。例如，新建 public 目录，然后在 public 目录下新建 imgs 目录，最后在 imgs 目录下存放文件 nv.jpg，此时要访问静态资源 nv.jpg，只需在浏览器地址栏中输入 http://localhost/imgs/nv.jpg 即可。

6.4 express-art-template 模板引擎

为了使 art-template 模板引擎能够更好地和 Express 框架结合，模板引擎官方在原 art-template 模板引擎的基础之上封装出了 express-art-template。

因为 express-art-template 是建立在 art-template 模板引擎之上的，所以要使用 express-art-template，就必须同时安装 express-art-template 和 art-template。

安装命令：yarn add express-art-template art-template 或 npm i express-art-template art-template。

下面通过一个示例来演示 express-art-template 模板引擎的使用。

（1）新建 express-art-template.js 文件，添加如下代码：

```
const express = require('express');
const app = express();
const path = require('path');

// 当渲染后缀为 art 的模板时，使用 express-art-template
app.engine('art', require('express-art-template'));
// 设置模板存放的路径
app.set('views', path.join(__dirname, 'views'));
// 设置渲染模板时的默认后缀
```

```
app.set('view engine', 'art');
app.get('/my', (req, res) => {
 // 渲染模板
 res.render('my', { msg: '我就是我，是颜色不一样的烟火' });
});

app.listen(80);
console.log('网站服务器启动成功，监听80端口');
```

代码说明：

- app.engine 方法的第一个参数是模板的后缀，第二个参数是使用的模板引擎，其作用是告诉 Express 框架使用哪一种模板引擎来渲染指定后缀的模板文件。
- app.set 方法的第一个参数 views 是固定写法，表示要设置模板存放位置；第二个参数表示模板所在位置，建议使用绝对路径。

（2）新建 views 目录，用于存放模板文件，在 views 目录下新建一个模板文件 my.art，代码如下：

```
<h4>{{msg}}</h4>
```

（3）执行 nodemon express-art-template.js 命令启用程序，然后在浏览器地址栏中输入 http://localhost/my，运行结果如图6-12 所示。

图 6-12

app.locals 对象

app.locals 对象用于将数据传递至所渲染的模板中，挂载到 app.locals 对象上的变量在所有模板中都可以直接访问。

我们在 express-art-template.js 文件中添加如下代码：

```
app.locals.songName='《我》';
```

然后在 my.art 文件中添加如下代码：

```
<h3>{{songName}}</h3>
```

图 6-13

运行结果如图6-13 所示。

6.5 express-session

express-session 是一个用于 Express 应用程序的中间件，它提供了会话管理功能。它使用 cookie 来存储一个唯一的会话标识符（session ID），并将实际的会话数据存储在服务器上。这样做既保护了会话数据的安全性，也避免了将大量数据存储在客户端。

1. express-session 的使用

下面是如何在 Express 中设置和使用 express-session 的基本示例。

首先，需要安装 express-session：

```
yarn add express-session 或 npm i express-session --save
```

然后,引入 express-session:

```
var session = require("express-session");
```

接下来,设置 express-session:

```
app.use(session({
    secret: 'keyboard cat',
    resave: true,
    saveUninitialized: true
}))
```

最后,使用 express-session:

```
设置值 req.session.username = "张子凡";
获取值 req.session.username。
```

2. express-session 的常用参数

express-session 的常用参数如下所示:

```
app.use(session({
    secret: '123456',
    name: 'name',
    cookie: {maxAge: 60000},
    resave: false,
    saveUninitialized: true,
    rolling: false
}));
```

参数说明:

- secret: 一个 string 类型的字符串,作为服务器端生成 session 的签名。
- name: 返回客户端的 key 的名称,默认值为 connect.sid,也可以自己设置。
- cookie: 设置返回到前端 key 的属性,默认值为 { path: '/', httpOnly: true, secure: false, maxAge: null }。
- resave: 强制保存 session,即使它并没有变化。其默认值为 true,建议设置成 false。
- saveUninitialized: 强制存储未初始化的 session,当新建了一个 session 且未设定属性或值时,它就处于未初始化状态。在某些场景,如登录验证,这个设置有助于确保 session 只在有实际需求时才被存储,这样有助于减少服务器存储需求,并有利于实施基于会话的权限控制。尽管其默认值为 true,但出于性能和隐私的考虑,通常建议将它设置为 false,除非应用需要在 session 创建时立即写入数据。
- rolling: 可选参数,在每次请求时强行设置 cookie,这将重置 cookie 过期时间。默认值为 false。

3. session 的常用操作

session 的常用操作有读、写、删除。

- 读 session: req.session.xxx。
- 写 session: req.session.xxx = xx。

- 删除 session：req.session.xxx = null。

删除 session 更严谨的做法是使用 delete 语法：delete req.session.xxx。

4. cookie 与 session 的区别

cookie 是浏览器在计算机硬盘中开辟的一块空间，主要供服务器端存储数据。

- cookie 中的数据是以域名的形式进行区分的。
- cookie 中的数据是有过期时间的，超过时间数据会被浏览器自动删除。
- cookie 中的数据会随着请求被自动发送到服务器端。

session 实际上就是一个对象，存储在服务器端的内存中。在 session 对象中也可以存储多条数据，每一条数据都有一个 sessionId 作为唯一标识。

以登录为例，cookie 与 session 的关系如图 6-14 所示。

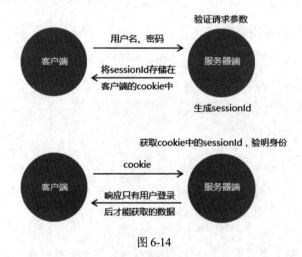

图 6-14

在 Node.js 中需要借助 express-session 实现 session 功能。

第 7 章 TypeScript 编程

本章将详细介绍 TypeScript 的基本概念和特点。

首先，将介绍 TypeScript 的基础知识，包括安装 TypeScript、编写 TypeScript 程序、手动编译代码和使用 Visual Studio Code 自动编译，还将探讨类型注解的重要性，以及如何利用 vite 快速创建 TypeScript 开发环境。然后，将进入基础类型的学习，包括布尔值、数字、字符串、数组等。了解这些基础类型后，将深入学习接口、类、函数、泛型等 TypeScript 的重要概念，帮助读者建立起扎实的 TypeScript 基础知识体系。最后，将介绍声明文件和内置对象的使用，为读者打开 TypeScript 更广阔的应用天地。

让我们一起开始这段充实而有趣的 TypeScript 学习之旅吧！

本章学习目标

- 了解 TypeScript 是什么
- 掌握 TypeScript 的安装
- 掌握 TypeScript 的编译
- 掌握 TypeScript 基础类型
- 掌握 TypeScript 接口、类、函数和泛型的使用
- 了解如何声明文件和 JS 内置对象

7.1 TypeScript 基础

本节主要介绍 TypeScript 的基础知识。

7.1.1 TypeScript 简介

TypeScript（简称 TS）是 Microsoft 公司注册的商标。2009 年，微软 C#之父 Anders Hejlsberg 领导开发了 TypeScript 的第一个版本。

TypeScript 是 JavaScript 的一个超集，为这门动态类型语言添加了静态类型选项。它的设计目的是帮助开发者在编写大型应用程序时捕捉到更多的错误，并提供更好的工具支持。TypeScript 遵循

当前以及未来出现的 ECMAScript 规范。TypeScript 不仅能兼容现有的 JavaScript 代码，也拥有兼容未来版本的 JavaScript 的能力。大多数 TypeScript 的新增特性都是基于未来的 JavaScript 提案，这意味着许多 TypeScript 代码在将来很有可能会变成 ECMA 的标准。

从技术上讲，TypeScript 就是具有静态类型的 JavaScript，它和 JavaScript 的关系如图 7-1 所示。

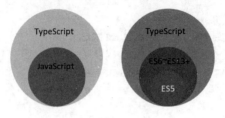

图 7-1

如果读者对 Java、C#等高级编程语言有一定的了解，就会发现 TypeScript 借鉴了这些高级语言的语法特性，它将基于对象的 JavaScript 改造成了面向对象的语言，这样也就让我们使用 JavaScript 开发大型项目成为可能，因为它弥补了弱类型语言的缺点。

在 Vue 项目中，可以直接用 TypeScript 来替代 ES。在大型项目中，使用 TypeScript 非常有优势，它能帮我们做类型检查，避免因粗心而引起的一系列 bug。在小型项目中，不使用 TypeScript 也能实现高效的开发体验，甚至开发起来更快，因为可以少写很多类型定义的代码。

如果读者对 TypeScript 还不是很了解，可以查阅 TypeScript 中文手册，网址是 https://typescript.bootcss.com/。

7.1.2　TypeScript 的特点

TypeScript 主要有以下几大特点：

- 始于 JavaScript，归于 JavaScript。TypeScript 可以编译出纯净、简洁的 JavaScript 代码，并且可以运行在任何浏览器上、Node.js 环境中和任何支持 ECMAScript 3（或更高版本）的 JavaScript 引擎中。
- 强大的类型系统。类型系统允许 JavaScript 开发者在开发 JavaScript 应用程序时使用高效的开发工具和常用操作，比如静态检查和代码重构。
- 先进的 JavaScript。TypeScript 提供最新的且不断发展的 JavaScript 特性，包括那些来自 2015 年的 ECMAScript（ES 6）和未来的提案中的特性，比如异步功能和 Decorators，以帮助建立健壮的组件。

TypeScript 在社区的流行度越来越高，它非常适用于一些大型项目，也非常适用于一些基础库，它能够极大地帮助我们提升开发效率和开发体验，并且能有效避免一些以前编码阶段难以发现的代码错误，例如经典的'undefined' is not a function。

TypeScript 同 JavaScript 相比，其最大的特点是强类型，支持静态和动态类型。这种强类型相比弱类型，可以在编译期间发现并纠正错误，从而降低了试错的成本，提升了代码的规范性。

JavaScript 动态类型的自由特性经常会导致错误，这些错误不仅会降低程序员的工作效率，而且还会由于新代码的成本增加而使开发陷入停顿。例如一些 if 内部的类型错误，JavaScript 需要执行到对应代码才能发现，而 TypeScript 在写代码的过程中就能发现部分错误，因此 TypeScript 代码交付质量相对高一些，不过对于逻辑错误，TypeScript 也是无法识别的。

由于 JavaScript 无法合并类型以及编译时缺乏错误检查，因此它不适合作为企业和大型代码库中服务器端代码。

7.1.3 安装 TypeScript

在安装 TypeScript 之前，需要先安装 Node.js。安装完 Node.js 之后，会自带一个 npm 包管理器，后面我们就可以通过 npm 来安装 TypeScript 以及其他的一些库了。另外，TypeScript 是无法直接在浏览器中运行的，它需要使用 TypeScript 编译器（tsc）编译为 JavaScript 代码才能在浏览器中运行。

TypeScript 的安装步骤如下：

步骤 01 在 CMD 控制台中运行如下命令安装 TypeScript：

```
npm install -g typescript
```

步骤 02 安装完成后，在控制台运行如下命令检查是否安装成功：

```
tsc -v
```

运行结果如下：

```
C:\Users\zouqi>tsc -v
Version 4.1.3
```

> **注　意**
>
> 由于 TypeScript 一直处于更新当中，因此读者看到的版本号可能会更高。

7.1.4 JavaScript 中的变量和类型限制

JavaScript 中的变量本身是没有类型的，变量可以接收任意不同类型的值，同时可以访问任意属性，如果属性不存在则返回 undefined。

然而，JavaScript 是有类型的，JavaScript 的类型和值绑定，它在赋值的时候才确定是何种类型。通过 typeof 判断变量类型其实是判断当前值的类型。

TypeScript 做的事情就是给变量加上类型限制：

- 限制在变量赋值的时候必须提供类型匹配的值。
- 限制变量只能访问所绑定的类型中存在的属性和方法。

ts-and-js.html 示例代码如下：

```html
<script>
    var val = 33;
    console.log(typeof val) // "number"
    val = '葵花宝典'
    console.log(typeof val) // "string"
    val = { name: '东方不败' }
```

```
        val = function () {
            console.log('人生自古谁无死,留取丹心照汗青')
        }
        console.log(val); // f ()
        console.log(val.xx) // undefined
    </script>
```

7.1.5 编写 TypeScript 程序

(1) 新建目录 ts, 然后在此目录下新建 first.ts 文件, 输入如下代码:

```
// 自调用函数
(() => {
    function greeter(msg:string) {
        return '你好, ' + msg;
    }
    let msg = '中国';
    console.log(greeter(msg));
})();
```

> **说　明**
>
> 这是一个 JavaScript 的自调用函数, 当页面加载时, 代码会自动执行这个 JavaScrip 函数。

(2) 新建一个 HTML 文件 index.html, 在 Visual Studio Code 中可以通过输入 "!" 然后按 Enter 键的方式自动生成 HTML 代码结构。在这个 HTML 文件中引入 first.ts 文件, 代码如下:

```
<!DOCTYPE html>
<html lang="en">
<head>
    <meta charset="UTF-8">
    <meta name="viewport" content="width=device-width, initial-scale=1.0">
    <title>Document</title>
</head>
<body>
    <script src="./ts/first.ts"></script>
</body>
</html>
```

(3) 在浏览器中打开 index.html, 发现浏览器控制台报错, 错误信息如下:

```
Uncaught SyntaxError: Unexpected token ':'。
```

我们在 first.ts 中去掉 TypeScript 代码 ":string", 再查看浏览器控制台, 发现可以正常输出。

> **说　明**
>
> 如果直接引入的 TS 文件当中存在 TypeScript 语法代码, 则会报错; 如果只有单纯的 JavaScript 语法代码, 则可以正常引入和使用。

7.1.6 手动编译代码

在 7.1.5 节的代码当中,虽然使用了 .ts 扩展名,但是去掉 TypeScript 代码":string"后,这段代码仅是 JavaScript 代码。如果要使用 TypeScript 代码,则需要将它编译为 JavaScript 代码才可以在浏览器中访问。下面介绍如何手动编译代码。

(1)在命令行上运行 TypeScript 编译器命令:

```
tsc first.ts
```

执行过程如图 7-2 所示。

图 7-2

执行完后,会在 first.ts 文件所在目录自动输出一个 first.js 文件,它包含了与输入文件 first.ts 中相同(运行结果相同,代码会有细微变化)的 JavsScript 代码,如图 7-3 所示。

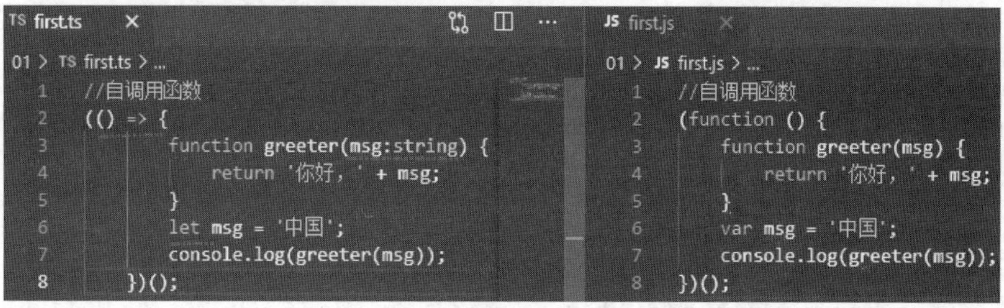

图 7-3

对比图 7-3 左侧的 TS 文件和右侧编译后的 JS 文件,可得出如下结论:

- 在 TS 文件中,函数的形参如果使用了某个类型进行修饰,则最终在编译的 JS 文件中是没有这个类型的。
- 在 TS 文件中,如果变量使用 let 进行修饰,则在编译后的 JS 文件中修饰符会变为 var。

(2)在命令行上通过 Node.js 运行如下代码:

```
node first.js
```

控制台输出:

你好,中国

(3)修改 index.html 中的 JS 文件引入:

```
<script src="./ts/first.js"></script>
```

浏览器控制台可以正常输出。

7.1.7　Visual Studio Code 自动编译

除了手动编译以外，也可以使用 Visual Studio Code 自动编译。

（1）新建目录 02，控制台跳转到这个目录，然后执行 tsc --init，可在当前目录下生成配置文件 tsconfig.json。

（2）修改 tsconfig.json 配置：

```
"outDir": "./js",
"strict": false,
```

- outDir：表示将代码编译输出到指定的目录。
- strict：表示是否开启严格模式。

（3）在 Visual Studio Code 中启动监视任务：终端（Terminal）→运行任务（Run Task...）→显示所有任务（Show All Tasks）→监视 tsconfig.json（ts:watch tsconfig.json），如图 7-4 所示。

（4）新建 index.ts 文件，代码如下：

```
(()=>{
    document.body.innerHTML = "可可托海的牧羊人";
})();
```

此时，当我们保存 index.ts 文件的时候，会自动在当前目录下生成一个 js 目录，并将 index.ts 文件编译为 index.js 存放在 js 目录下，如图 7-5 所示。

图 7-4　　　　　　　　　　　　　图 7-5

（5）新建 index.html 文件，只需直接引入 js 目录下编译后的 index.js 文件即可，代码如下：

```
<!DOCTYPE html>
<html lang="en">
<body>
    <script src="./js/index.js"></script>
</body>
</html>
```

7.1.8 类型注解

TypeScript 里的类型注解是一种轻量级的为函数或变量添加约束的方式。使用格式为"变量名称:变量类型"。示例如下：

（1）新建 type-note.ts，代码如下：

```
(()=>{
    function showMsg(person: string[]) {
        return "天龙三兄弟： " + person.join(',');
    }
    let user = ["乔峰","段誉","虚竹"];
    document.body.innerHTML = showMsg(user);
})();
```

（2）新建 type-note.html，代码如下：

```
<!DOCTYPE html>
<html lang="en">
<body>
    <script src="./js/type-note.js"></script>
</body>
</html>
```

运行结果如图 7-6 所示。

图 7-6

在这个例子里，我们希望 showMsg 函数接收一个字符串数组参数，然后尝试把 showMsg 的调用改成传入一个字符串：

```
// let user = ["乔峰","段誉","虚竹"];
let user="慕容复";
```

重新编译后会产生了一个错误：Argument of type 'string' is not assignable to parameter of type 'string[]'.，大意是 string 类型的参数不可以赋值给 string[]参数类型。

TypeScript 提供了静态的代码分析，它可以分析代码结构和提供的类型注解。

需要注意的是，尽管有错误，type-Node.js 文件还是被创建了，说明即使代码里有错误，也仍然可以使用 TypeScript。但在这种情况下，TypeScript 警告我们代码可能不会按预期执行。

7.1.9 使用 vite 快速创建 TypeScript 开发环境

vite 是一个由原生 ESM 驱动的 Web 开发构建工具，在开发环境下基于浏览器原生 ES imports 开发，在生产环境下基于 Rollup 打包。

vite 的作用：

- 快速的冷启动：不需要等待打包操作。
- 即时的热模块更新：对性能的优化以及模块数量的解耦使得更新过程变得迅速而高效。
- 真正的按需编译：不再等待整个应用编译完成，这是一个巨大的改变。

vite 的功能实现：

- 提供 web server：借用 koa 来启动服务。
- 模块解析：核心是拦截浏览器对模块的请求。
- 支持/@module/：判断路径是否以/@module/开头，如果是则取出包名，去 node_module 里找到这个库，基于 package.json 返回对应的内容。
- 文件编译：拦截了对模块的请求并执行实时编译。

vite 的运行原理：

在浏览器端使用 export、import 的方式导入和导出模块，在 script 标签里设置 type="module"（ES Modules，目前主流的浏览器都已经支持）。

下面使用 vite 快速创建 TypeScript 开发环境。

（1）全局安装 vite：

```
yarn add create-vite -g 或 npm install -g create-vite
```

（2）创建模板项目：

```
create-vite ts-demo --template vanilla-ts
```

（3）依次执行如下命令：

```
cd ts-demo
yarn
yarn run dev
```

运行结果如图 7-7 所示。

图 7-7

在浏览器中访问 http://localhost:5173/，就可以看到已经运行的 vite 项目。

7.2 基础类型

TypeScript 不仅支持与 JavaScript 相同的数据类型，还提供了实用的枚举类型方便我们使用。本节将依次介绍 TypeScript 的各种数据类型。

7.2.1 布尔类型

最基本的数据类型之一是代表真值或假值的布尔类型,在 JavaScript 和 TypeScript 中,这种类型称为 boolean,这一命名在许多其他编程语言中也是通用的。

在 src 目录下新建文件 01-base-type.ts,输入如下代码:

```
let isDone: boolean = false;
isDone = true;
isDone = 1 // error: Type 'number' is not assignable to type 'boolean'
```

代码说明:在声明变量 isDom 的同时指定其类型为 boolean,并初始化赋值为 false。接下来,将变量 isDone 赋值为 true,因为 true 也是 boolean 类型,所以执行成功。最后将变量 isDone 赋值为 1,因为 1 不是 boolean 类型,所以会报错。

main.ts 中引入 01-base-type.ts 文件:

```
import './01-base-type';
```

7.2.2 数字

和 JavaScript 一样,TypeScript 里的所有数字都是浮点数,这些浮点数的类型是 number。除了支持十进制和十六进制字面量(literal)之外,TypeScript 还支持 ECMAScript 2015(ES 6)中引入的二进制和八进制字面量。

什么是字面量?

在 JavaScript 中,字面量(也称为直接量)用于表示代码中的固定值。它们可以被视为代码中直观表示的常数,即它们直接表示其自身的值。字面量可分为数字字面量、字符串字面量、数组字面量、表达式字面量、对象字面量、函数字面量。

例如,let decLiteral: number = 10 这段声明变量的语法中,10 就是数字字面量,表示数字 10。其他示例如下:

```
let decLiteral: number = 10;                    // 十进制
let binaryLiteral: number = 0b1010 ;            // 二进制
let octalLiteral: number = 0o12;                // 八进制
let hexLiteral: number = 0xa;                   // 十六进制
console.log(decLiteral,binaryLiteral,octalLiteral,hexLiteral); // 10 10 10 10
```

> **说　明**
>
> 二进制用 0b 开头标识,八进制用 0o 开头标识,十六进制用 0x 开头标识。

7.2.3 字符串

TypeScript 程序的另一项基本操作是处理网页或服务器端的文本数据。像其他语言一样,使用 string 表示文本数据类型。和 JavaScript 一样,可以使用双引号(")或单引号(')表示字符串。示例如下:

```
    let name: string = '尹天仇';
    name = '喜剧之王';
    // name = 32 // error
    let age: number = 32;
    const info = `我是${name}，我今年${age}岁！`;
console.log(info);// 我是喜剧之王，我今年32岁！
```

7.2.4　undefined 和 null

在 TypeScript 中，undefined 和 null 不仅是值，它们也分别拥有对应的类型，分别命名为 undefined 和 null，它们本身的类型用处不是很大。示例如下：

```
    let u: undefined = undefined;
    let n: null = null;
```

默认情况下 null 和 undefined 是所有类型的子类型，也就是说，可以把 null 和 undefined 赋值给 number 类型的变量。

7.2.5　数组

TypeScript 像 JavaScript 一样可以操作数组元素。定义数组有两种方式：

第一种是在元素类型后面接上[]，表示由此类型元素组成的一个数组：

```
    let listN: number[] = [1,2,3,4];
    let listS:string[]=["零零恭","零零喜","零零发","零零财"];
```

第二种是使用数组泛型——Array<元素类型>：

```
    let list: Array<string> = ["周星驰","李若彤"];
```

7.2.6　元组

元组类型允许表示一个已知元素数量和类型的数组，各元素的类型不必相同。例如，可以定义一个值分别为 string 和 number 类型的元组：

```
    let x: [string, number]; // 定义元组类型
    // 初始化数据
    x = ['杨万里', 30]; // OK
    // 错误的初始化
    x = [30, '杨万里']; // Error: Type 'string' is not assignable to type 'number'
```

元组类型中的类型顺序是有严格要求的，所有类型的顺序必须一致，才能赋值成功。

当访问一个已知索引的元素时，会得到正确的类型：

```
    console.log(x[0].substr(1)); // 万里
    console.log(x[1].substr(1)); // Error:
Property 'substr' does not exist on type 'number'
```

7.2.7 枚举

枚举类型是对 JavaScript 标准数据类型的一个补充。使用枚举类型可以为一组数值赋予友好的名字。示例如下：

```
enum BillType {
    Repair,
    Check,
    Maintain
}
// 枚举数值默认从 0 开始，依次递增
// 根据特定的名称得到对应的枚举数值
let billType: BillType = BillType.Repair;// 0
console.log(billType, BillType.Repair, BillType.Check);// 0 0 1
```

默认情况下，从 0 开始为元素编号，也可以手动指定成员的数值。例如，将上面的例子改成从 1 开始编号：

```
enum BillType { Repair = 1, Check, Maintain };// 1,2,3
let b: BillType = BillType.Check; // 2
```

或者全部都采用手动赋值：

```
enum BillType { Repair = 1, Check=3, Maintain=5 };// 1,3,5
let b: BillType = BillType.Check; // 3
```

枚举类型提供的一个便利是可以由枚举的值得到它的名字。例如，我们知道数值为 2，但是不确定它映射到 Color 里的哪个名字，就可以查找相应的名字：

```
enum BillType { Repair = 1, Check, Maintain };
let billType: string = BillType[2]
console.log(billType)    // 显示'Check'，因为上面代码里它的值是 2
```

> **注　意**
>
> TypeScript 支持两种枚举，一种是数字枚举，一种是字符串枚举。TypeScript 不允许异构类型的枚举，这意味着所有枚举值必须属于同一种类型（数字或字符串）。

7.2.8 any

有时候，我们需要为那些在编程阶段还不清楚类型的变量指定一个类型，而这些变量值可能来自动态的内容，比如来自用户输入或第三方代码库。在这种情况下，我们不希望类型检查器对这些变量值进行检查，而是直接让它们通过编译阶段的检查。对此，可以使用 any 类型来标记这些变量，示例如下：

```
let notSure: any = 24;
notSure = '雪飘人间';  //可以是一个字符串
notSure = false; // 也可以是一个布尔值
```

在对现有代码进行改写的时候，any 类型是十分有用的，它允许我们在编译时可选择地包含或

移除类型检查,并且当你只知道一部分数据的类型时,any 类型也是有用的。示例如下:

```
let listAny: any[] = [30, false, '归海一刀'];
listAny[1] = '地字第一号';// 可以修改数据类型
```

上述代码可以正常运行,并且修改后的 listAny 数组值变成了"30,'地字第一号','归海一刀'"。

7.2.9　void

从某种程度上来说,void 类型与 any 类型相反,它表示没有任何类型。当一个函数没有返回值时,通常会见到其返回值类型是 void,示例如下:

```
// 表示没有任何类型,一般用来说明函数的返回值不能是 undefined 之外的值
function fn(): void {
    console.log("天苍苍,野茫茫");// 返回结果: undefined
    // return undefined;// ok undefined
    // return null;//error:Type 'null' is not assignable to type 'void'
    // return 1 // error:Type 'number' is not assignable to type 'void'
}
console.log(fn()); //undefined
```

声明一个 void 类型的变量没有什么大用,因为只能为它赋予 undefined:

```
let unusable: void = undefined;
```

7.2.10　never 和 symbol

never 类型表示的是那些永不存在的值的类型。例如,never 类型是那些总是会抛出异常或根本就不会有返回值的函数表达式,或者箭头函数表达式的返回值类型;变量也可能是 never 类型,当它们被永不为真的类型保护所约束时。

never 类型是任何类型的子类型,也可以赋值给任何类型。但是,没有类型是 never 的子类型或可以赋值给 never 类型(除了 never 本身之外),即使是 any 也不可以赋值给 never。

下面是一些返回 never 类型的函数:

```
// 返回 never 的函数必须存在无法达到的终点
function error(message: string): never {
    throw new Error(message);
}
// 推断的返回值类型为 never
function fail() {
    return error("Something failed");
}
// 返回 never 的函数必须存在无法达到的终点
function infiniteLoop(): never {
    while (true) {
    }
}
```

symbol 类型是 TypeScript 中引入的一种基本数据类型,用于表示独一无二的值。symbol 类型具有以下特点和用途:

- 唯一性：symbol 值是通过 Symbol()函数创建的，并且在全局范围内是唯一的，不与其他值相等。即使描述相同，它们也是不相等的。
- 用作对象属性键：symbol 值可以作为对象属性的键，用于标识对象的特定属性。这样可以避免属性名冲突的问题。
- 隐藏属性：由于 symbol 值是唯一的且无法直接访问，所以可以用它们来创建"私有"属性或方法，使其在外部不可访问。
- 迭代器和生成器：symbol 值可用于自定义迭代器和生成器，以实现更灵活和复杂的迭代逻辑。
- Well-known symbols（内置 symbol）：TypeScript 还提供了一些内置的 symbol 值，用于表示对象的特定行为或功能，如迭代器、异步迭代器、字符串迭代器等。

使用 symbol 类型时，可以通过 Symbol()函数创建新的 symbol 值，也可以使用内置的 symbol 值。例如：

```
const sym1 = Symbol();
const sym2 = Symbol("description");
const obj = {
    [sym1]: "value",
    [sym2]: "前朝太监"
};
console.log(obj[sym1]); // 输出："value"
console.log(obj[sym2]); // 输出："前朝太监"
```

需要注意的是，由于 symbol 值是唯一的且不可变的，因此它们不能与其他数据类型直接进行运算或比较。

7.2.11 object

object 表示非原始类型，也就是除 number、string、boolean、symbol、null 和 undefined 之外的类型。

使用 object 类型可以更好地表示像 Object.create 这样的 API。例如：

```
declare function create(o: object | null): void;
create({ age: 32 }); // OK
create(null); // OK
create(30); // Error
create("石小猛"); // Error
create(false); // Error
create(undefined); // Error
```

7.2.12 联合类型

联合类型（Union Types）表示取值可以为多种类型中的一种。

示例 1：定义一个函数得到一个数字或字符串值的字符串形式值：

```
function toStr(x: number | string): string {
    return x.toString()
}
```

示例2：定义一个函数得到一个数字或字符串值的长度：

```
function getLength(x: number | string):number {
    // return x.length // error
    if (x.length) { // error
        return x.length;
    } else {
        return x.toString().length
    }
}
```

7.2.13　类型断言

类型断言（Type Assertion）可以用来手动指定一个值的类型。通过类型断言这种方式可以告诉编译器："相信我，我知道自己在干什么"。类型断言好比其他语言里的类型转换，但是不进行特殊的数据检查和解构。它没有运行时的影响，只在编译阶段起作用。TypeScript 会假设已经进行了必需的检查。

TypeScript 中的类型断言可以通过两种形式实现：

- 第一种是使用"尖括号"语法，即将类型放在尖括号中并置于值前面，如<Type>value。
- 第二种是使用 as 语法，即在值后面添加 as Type，表现为 value as Type。在 JSX 或 TSX 代码中，由于尖括号语法与 JSX 的标签语法冲突，因此只能使用 as 语法进行类型断言。

例如，定义一个函数得到一个字符串或者数值数据的长度：

```
function getLength(x: number | string):number {
    if ((<string>x).length) {
        return (x as string).length
    } else {
        return x.toString().length
    }
}
console.log(getLength('真的爱你'), getLength(1024));// 4 4
```

7.2.14　类型推断

类型推断是指 TypeScript 会在没有明确指定类型的时候推测出一个类型。有下面两种情况：

- 定义变量时赋值了，推断为对应的类型。
- 定义变量时没有赋值，推断为 any 类型。

示例如下：

```
/* 定义变量时赋值了，推断为对应的类型 */
let val = 122; // number
val = '交通事故报警电话' // error

/* 定义变量时没有赋值，推断为 any 类型 */
let anyType;   // any 类型
```

```
anyType = 122;
anyType = '交通事故报警电话';
```

7.3 接口

接口(Interfaces)用于约束一系列具有公共特性的类结构。在 TypeScript 里,如果两个类型内部的结构兼容,那么这两个类型就是兼容的,这就允许我们在实现接口时,只需保证包含接口要求的结构即可,而不必明确地使用 implements 语句。

TypeScript 的核心原则之一是对值所具有的结构进行类型检查。我们使用接口来定义对象的类型。接口是对象的状态(属性)和行为(方法)的抽象(描述),可以对对象的属性和行为进行约束。

7.3.1 接口初探

下面以一个具体的示例来初探接口——创建人的对象,需要对人的属性进行一定的约束,例如:

- id 是 number 类型,必须有,只读的。
- name 是 string 类型,必须有。
- age 是 number 类型,必须有。
- sex 是 string 类型,必须有。
- skill 是数组类型,非必需的。

新建 02-Interfaces.ts 文件,代码如下:

```
(() => {
    // 定义人的接口
    interface IPerson {
        id: number;
        name: string;
        age: number;
        sex: string;
        skill: string[]
    }
    // 定义实现了 IPerson 接口的 per 对象
    const per: IPerson = {
        id: 1,
        name: '陈家洛',
        age: 30,
        sex: '男',
        skill:['庖丁解牛']
    };
})();
```

类型检查器会查看对象内部的属性是否与 IPerson 接口描述一致,如果不一致,就会提示类型错误。

7.3.2 可选属性

在 TypeScript 中，可选属性在定义接口或者类型别名时非常有用，它们允许我们指定某些属性是可选的。可选属性在对象中可以存在，也可以不存在；如果存在，它们的类型必须符合定义，如果不存在，编译器也不会报错。在定义可选属性时，需要在属性名后面加上一个问号（?）来标识它是可选的。例如：

```
interface IPerson {
    id: number;
    name: string;
    age: number;
    sex: string;
    skill?: string[]
}
const per: IPerson = {
    id: 1,
    name: '陈家洛',
    age: 30,
    sex: '男',
    // skill:['庖丁解牛'] // 可以没有
};
```

可选属性的好处之一是可以对可能存在的属性进行预定义，好处之二是可以捕获引用了不存在的属性时的错误。使用可选属性，我们可以写出更灵活的代码，同时仍然保持类型安全。

7.3.3 只读属性

在 TypeScript 中，只读属性用于确保对象的属性不被重新赋值。在接口或类型别名中，我们可以通过在属性名前加上 readonly 关键字来指定该属性为只读。

一旦在对象初始创建后设置了只读属性，就不能再对它进行修改。这在想要创建一个不可变的对象或者严格控制属性被改变的情况下非常有用。

```
interface IPerson {
    readonly id: number;
    name: string;
    age: number;
    sex: string;
    skill?: string[]
}
const per: IPerson = {
    id: 1,
    name: '陈家洛',
    age: 30,
    sex: '男',
    // skill:['庖丁解牛'] // 可以没有
    wife: '香香公主' // error 没有在接口中定义，不能有
};
```

```
per.id = 7; // error, 只读属性不能修改
```

要理解 readonly 与 const 的区别,并确定何时使用哪一个,最简单的规则是考虑它们所修饰的标识符是作为变量还是作为属性。如果是变量,则应使用 const 来定义不可变的值;而如果是对象的属性,那么应使用 readonly 来确保属性不被重新赋值。

7.3.4 函数类型

接口在 JavaScript 中用于描述对象的多种结构和形态。它们不仅能够定义带有属性的普通对象的结构,还能描述具有特定参数和返回值类型的函数类型。

要通过接口定义函数类型,我们必须在接口中提供一个调用签名。这个调用签名类似于一个没有函数体的函数声明,它详细规定了参数列表及其类型以及函数的返回值类型。每个参数都必须指定名字和对应的类型。例如:

```
// 接口可以描述函数类型(参数的类型与返回的类型)
interface ISearchData {
    (list: string[], name: string): string[]
}
```

这样定义后,我们就可以像使用其他接口一样使用这个函数类型的接口。下面展示如何创建一个函数类型的变量,并将一个同类型的函数赋值给这个变量:

```
const search: ISearchData = function (list: string[], name: string): string[] {
    return list.filter(f => { return f == name });
}
console.log(search(['桃花','仙人','种桃树'], '桃花')); // ["桃花"]
```

7.3.5 类类型

与 C#或 Java 里的接口的基本作用一样,TypeScript 也能够用接口来明确地强制一个类去符合某种契约。

```
// 动物接口
interface IAnimal {
    eat(): void;      // 吃东西的方法
}
// 人的接口
interface IPerson{
    study():void; // 学习的方法
    sing():void; // 唱歌的方法
}
class User implements IAnimal{
    eat(){
        console.log('大口吃肉');
    }
}
```

(1)一个类可以实现多个接口:

```
class User implements IAnimal,IPerson{
```

```
    eat(){
        console.log('大口吃肉');
    }
    study(){
        console.log('钻木取火');
    }
    sing(){
        console.log('两只老虎爱跳舞');
    }
}
```

（2）一个接口可以继承多个接口。和类一样，接口也可以相互继承，这让我们能够从一个接口里复制成员到另一个接口里，可以更灵活地将接口分割到可重用的模块里。

```
interface IUser extends  IAnimal,IPerson{

}
```

7.4 类

在传统的 JavaScript 编程中，通常会使用函数和基于原型的继承来创建可重用的组件。然而，对于那些习惯于使用基于类的继承的面向对象编程范式的程序员来说，对这种方式可能会感到不太直观，因为它依赖于原型链而非类来构建对象。自 ECMAScript 2015（ES 6）起，JavaScript 引入了类语法，使得程序员能够采用更熟悉的基于类的面向对象方法。TypeScript 进一步扩展了这些概念，允许开发者现在就采用这些先进的面向对象特性，同时确保编译后的 JavaScript 代码能够在所有主流浏览器和各种平台上无缝运行，而不必等待未来的 JavaScript 标准实现。

7.4.1 基本示例

下面先来看一个使用类的示例：

```
class Greeter {
    // 声明属性
    greeting: string;
    // 构造方法
    constructor (message: string) {
      this.greeting = message;
    }
    // 一般方法
    greet (): string {
      return '你好, ' + this.greeting;
    }
}
// 创建类的实例
const greeter = new Greeter('你在他乡还好吗');
// 调用实例的方法
console.log(greeter.greet()); // 你好,你在他乡还好吗
```

如果读者使用过 C#或 Java，就会对这种语法非常熟悉。上述代码声明一个 Greeter 类，这个类有 3 个成员：一个 greeting 属性、一个构造函数和一个 greet 方法。读者可能会注意到，在引用任何一个类成员的时候都使用了 this，它表示访问的是类的成员。最后，使用 new 构造了 Greeter 类的一个实例，它会调用之前定义的构造函数，创建一个 Greeter 类型的新对象，并执行构造函数初始化该对象。

7.4.2 继承

在 TypeScript 代码中，我们可以使用常用的面向对象模式。基于类的程序设计中，一种最基本的模式是允许使用继承来扩展现有的类。示例如下：

```typescript
// 动物类
class Animal {
    // 跑
    run(distance: number) {
        console.log(`跑了${distance}m`);
    }
}
// 鸭子继承动物类
class Duck extends Animal {
    // 叫
    cry() {
        console.log('嘎嘎嘎');
    }
}
const duck = new Duck();     // 实例化鸭子对象
duck.cry();                  // 调用鸭子的 cry 方法——嘎嘎嘎
duck.run(100);               // 可以调用从父中继承得到的 run 方法——跑100m
```

这个例子展示了最基本的继承，类从基类中继承属性和方法。这里，Duck 是一个派生类，它通过 extends 关键字派生自 Animal 基类。派生类通常被称作子类，基类通常被称作超类或者父类。

因为 Duck 继承了 Animal 的功能，所以可以创建一个 Duck 的实例，它既然能够调用父类 Animal 中的 run 方法，就能调用 Duck 中特有的 cry 方法。

下面来看一个更加复杂的例子：

```typescript
// 动物类
class Animal {
    name: string;
    constructor (name: string) {
        this.name = name;
    }
    run (distance: number=0) {
        console.log(`${this.name}跑了${distance}m`);
    }
}
// 蛇类继承动物类
class Snake extends Animal {
    constructor (name: string) {
```

```
    // 调用父类型构造方法
    super(name);
  }
  // 重写父类型的方法
  run (distance: number=5) {
    console.log('蛇开始游走...');
    super.run(distance);
  }
}
// 马类继承动物类
class Horse extends Animal {
  constructor (name: string) {
    // 调用父类型构造方法
    super(name);
  }
  // 重写父类型的方法
  run (distance: number=50) {
    console.log('马开始奔跑...');
    // 调用父类型的一般方法
    super.run(distance);
  }
  // 马类特有扩展的方法
  eat () {
    console.log('吃草');
  }
}
const snake = new Snake('白素贞');
snake.run();
const horse = new Horse('赤兔马');
horse.run();
// 父类型引用指向子类型的实例 ==> 多态
const wuzhui: Animal = new Horse('乌骓马');
wuzhui.run();
wuzhui.run(24);
/* 如果子类型没有扩展的方法,可以让子类型引用指向父类型的实例 */
const qingshe: Snake = new Animal('青蛇');
qingshe.run();
/* 如果子类型有扩展的方法,不能让子类型引用指向父类型的实例 */
const dilu: Horse = new Animal('的卢'); // error:Horse 中有 eat 方法,但是 Animal 中没有
dilu.run();
```

　　这个例子展示了一些上一个例子没有提到的特性。在本例中,使用 extends 关键字创建了 Animal 的两个派生类:Horse 和 Snake。与前一个例子不同的是,本例的派生类中包含了一个自己的构造函数,在这样的派生类中,我们必须调用 super() 来执行基类的构造函数。TypeScript 强制规定,在派生类的构造函数中,我们必须在试图访问 this 的属性之前先调用 super()。这是一个重要的规则,可以确保基类的构造过程被正确地处理。

　　本例还演示了如何在子类里重写父类的方法。Snake 类和 Horse 类都创建了 run 方法,它们重写了从 Animal 继承来的 run 方法,使得 run 方法根据不同的类而具有不同的功能。注意,即使 wuzhui

被声明为 Animal 类型，但因为它的值是 Horse，所以在调用 wuzhui.run(24)时，它会调用 Horse 里重写的方法。

运行结果如下：

```
蛇开始游走...
白素贞跑了 5m
马开始奔跑...
赤兔马跑了 50m
马开始奔跑...
乌骓马跑了 50m
马开始奔跑...
乌骓马跑了 24m
青蛇跑了 0m
的卢跑了 0m
```

7.4.3 公共、私有与受保护的访问修饰符

访问修饰符用来描述类内部的属性/方法的可访问性。访问修饰符有以下 3 种：

- public：公开的，外部也可以访问（默认值）。
- private：私有的，只能类内部访问。
- protected：受保护的，类内部和子类可以访问。

1. public

在前两节的例子中，虽然代码里并没有使用 public 来做修饰，但我们仍然可以自由地访问程序里定义的成员。因为在 TypeScript 里，成员都默认为 public。

当然，我们也可以明确地将一个成员标记为 public。例如，以下面的方式来重写 7.4.2 节的 Animal 类：

```typescript
class Animal {
  public name: string;
  public constructor (name: string) {
    this.name = name;
  }
  public run (distance: number=0) {
    console.log(`${this.name}跑了${distance}m`);
  }
}
```

2. private

当成员被标记为 private 时，它就不能在声明它的类的外部访问。

```typescript
class Animal {
  private name: string;
  constructor(theName: string) { this.name = theName; }
}
new Animal("Cat").name; // 错误: 'name' 是私有的
```

3. protected

protected 修饰符与 private 修饰符的行为很相似,但有一点不同,protected 成员在派生类中仍然可以访问。例如:

```
class Person extends Animal {
    private age: number = 35;
    protected skill: string = '小李飞刀';
    run (distance: number=5) {
        console.log('人开始跑...');
        super.run(distance);
    }
}
class Student extends Person {
    run (distance: number=6) {
        console.log('学生开始跑...');
        console.log(this.skill);              // 子类能看到父类中受保护的成员
        console.log(this.age);                // error: 子类看不到父类中私有的成员
        super.run(distance);
    }
}
console.log(new Person('李寻欢').name);       // 李寻欢——公开的,可见
console.log(new Person('李寻欢').sex);        // undefined--error:受保护的,不可见
console.log(new Person('李寻欢').age);        // 35--error:私有的,不可见
```

7.4.4 readonly 修饰符和参数属性

可以使用 readonly 关键字将属性设置为只读的。只读属性必须在声明时或构造函数里被初始化。

```
class Person {
    readonly name: string = '谢晓峰';
    constructor(name: string) {
        this.name = name;
    }
}
let per = new Person('三少爷');
console.log(per.name);// 三少爷;
per.name = '阿吉'; // error
console.log(per.name);// 阿吉——尽管报错,还是会显示出来
```

在上面的例子中,我们必须在 Person 类里定义一个只读成员 name 和一个参数为 name 的构造函数,并且立刻将 name 的值赋给 this.name。这种情况经常会遇到,此时可以使用参数属性。

在 TypeScript 中,参数属性是一种在构造函数参数中直接创建并初始化类成员的简洁写法。参数属性通过在构造函数参数前添加一个访问修饰符(如 public、private、protected 或 readonly)来工作,这样可以节省声明和初始化一个类成员的代码。下面使用参数属性对 Person 类进行修改:

```
class Person {
    constructor(readonly name: string) {
    }
}
```

```
const per = new Person('三少爷');// 三少爷;
console.log(per.name);
```

修改后的代码舍弃了参数 name，仅在构造函数里使用 readonly name: string 参数来创建和初始化 name 成员，把声明和赋值合并至一处。

7.4.5 存取器

TypeScript 提供了存取器，也就是 getter 和 setter 方法，来有效地控制对对象属性的访问和赋值。存取器允许我们在读取或写入属性时执行额外的逻辑，比如验证或日志记录。在设置新值时，setter 会被调用，在获取属性值时，getter 会被调用。

下面先从一个没有使用存取器的例子开始：

```
class Person {
    fullName?: string;
}
let employee = new Person();
employee.fullName = "独孤求败";
if (employee.fullName) {
    console.log(employee.fullName);// 独孤求败
}
```

接下来使用存储器：

```
class Person {
    firstName: string = '独孤';
    lastName: string = '求败';
    get fullName () {
        return this.firstName + '-' + this.lastName
    }
    set fullName (value) {
        const names = value.split('-');
        this.firstName = names[0];
        this.lastName = names[1];
    }
}
const p = new Person();
console.log(p.fullName);// 独孤-求败
p.firstName = '独孤';
p.lastName =  '天峰';
console.log(p.fullName);// 独孤-天峰
p.fullName = '逆天-唯我';
console.log(p.firstName, p.lastName);// 逆天 唯我
```

Person 类最初没有使用存取器，属性 fullName 是可选的，可以被直接访问和修改。使用存储器后，fullName 变成了一个计算属性，它基于 firstName 和 lastName 的值来生成全名，同时也允许通过分隔字符串来设置这两个属性。

7.4.6 静态属性

到目前为止,我们只讨论了类的实例成员,即那些仅当类被实例化的时候才会被初始化的属性。我们也可以创建类的静态属性,这些属性存在于类本身上面而不是类的实例上。例如:

```
class Person {
  name: string = '独孤天峰';
  static skill: string = '龙爪手';
}
console.log(new Person().name);// 独孤天峰
console.log(Person.skill);// 龙爪手
```

在上述例子中,使用 static 定义 skill,因为它是所有人都会用到的属性。每个实例想要访问这个属性的时候,都要在 skill 前面加上类名。如同在实例属性上使用 this.xx 来访问属性一样,这里使用 Person.xx 来访问静态属性。

静态属性和非静态属性的区别如下:

- 静态属性,是类对象的属性。
- 非静态属性,是类的实例对象的属性。

7.4.7 抽象类

抽象类被设计为其他派生类的基类,并且自身不可被实例化。与接口不同,抽象类可以实现方法和包含成员变量的实现细节。在 TypeScript 中,abstract 关键字用于声明抽象类以及定义抽象类内部的抽象方法。

抽象类不能创建实例对象,只有实现类才能创建,抽象类可以包含未实现的抽象方法。示例如下:

```
abstract class Animal {
  abstract cry ():void;
  run () {
    console.log('动物在奔跑');
  }
}
class Person extends Animal {
  cry () {
    console.log('会哭的人不一定流泪');
  }
}
const per = new Person();
per.cry();        // 会哭的人不一定流泪
per.run();        // 动物在奔跑
```

7.5 函数

函数是 JavaScript 应用程序的基础,它帮助我们实现抽象层、模拟类、信息隐藏和模块。尽管

TypeScript 提供了类、命名空间和模块等高级结构，但函数依旧是定义行为和实现逻辑的关键工具。TypeScript 对 JavaScript 中的函数功能进行了增强，带来了额外的便利，让函数的使用变得更加灵活和强大。

7.5.1 基本示例

和 JavaScript 一样，TypeScript 函数可以创建命名函数和匿名函数。我们可以随意选择适合应用程序的方式，不论是定义一系列 API 函数还是只使用一次的函数。

通过下面的例子可以迅速回想起这两种 JavaScript 中的函数：

```
// 命名函数
function add(x, y) {
    return x + y
}
// 匿名函数
let myAdd = function (x, y) {
    return x + y;
}
```

7.5.2 函数类型

在 TypeScript 中，函数类型允许我们为函数定义一个类型签名。这意味着可以指定函数的参数类型和返回值类型。这为函数提供了类型约束，确保在调用函数时使用正确的类型，从而增加了代码的可靠性和可维护性。

1. 为函数定义类型

下面为 7.5.1 节的 add 函数添加类型：

```
function add(x: number, y: number): number {
    return x + y
}
// 匿名函数
let myAdd = function (x: number, y: number): number {
    return x + y;
}
```

我们可以在给每个参数添加类型之后再为函数本身添加返回值类型。TypeScript 能够根据返回语句自动推断出返回值类型。

2. 书写完整的函数类型

现在我们已经为函数指定了类型，下面写出函数的完整类型：

```
let myAdd: (x: number, y: number) => number =
    function (x: number, y: number): number {
        return x + y
    }
```

7.5.3 可选参数和默认参数

TypeScript 里的每个函数参数都是必需的。这不是说不能传递 null 或 undefined 作为参数,而是说编译器要检查用户是否为每个参数都传入了值。编译器还会假设只有这些参数会被传递进函数。简单地说,传递给一个函数的参数个数必须与函数期望的参数个数一致。

在 JavaScript 里,每个参数都是可选的,可传可不传,没传参的时候,它的值就是 undefined。在 TypeScript 里,我们可以在参数名旁使用?实现可选参数的功能。例如,想让 url 是可选的,就可以在其后加"?"。

在 TypeScript 中,如果函数调用时省略了参数,或者传递的参数值是 undefined,我们可以为这个参数提供一个默认值。这种带有默认值的参数被称为具有默认初始化值的参数。当省略该参数或传入 undefined 时,将自动采用默认值。例如,把 prefix 的默认值设置为"/api/":

```
function getUrl(prefix: string = '/api/', url?: string): string {
    if (url) {
        return prefix + url;
    } else {
        return prefix;
    }
}
console.log(getUrl('/ctrl/', 'base/getUserList'));///ctrl/base/getUserList
console.log(getUrl('/ctrl/'));///ctrl/
console.log(getUrl());///api/
```

7.5.4 剩余参数

必要参数、默认参数和可选参数有个共同点:它们表示某一个参数。有时,我们想同时操作多个参数,或者并不知道会有多少参数传递进来。对此,在 JavaScript 里可以使用 arguments 来访问所有传入的参数。在 TypeScript 里,可以把所有参数收集到一个变量里:

```
function getUrl(prefix: string, ...urls: string[]) {
    return prefix  + urls.join("/");
}
let fullUrl = getUrl("/base/", "user", "getList");///base/user/getList
console.log(fullUrl);
```

剩余参数会被当作个数不限的可选参数,可以一个都没有,也可以有多个。编译器创建参数数组时,数组名字是在省略号(...)后面给定的名字,我们可以在函数体内使用这个数组。

这个省略号也会在带有剩余参数的函数类型定义上使用到:

```
let getUrlFun: (prefix: string, ...rest: string[]) => string = getUrl;
```

7.5.5 函数重载

函数重载允许一个函数名被用于多种不同的场景,具体的实现根据传入参数的类型和数量的不同而选择。但是,值得注意的是,在 JavaScript 中实际上并没有函数重载,因为它是一个动态类型语言,函数调用并不检查参数的数量或类型。

然而，在 TypeScript 与其他面向对象的语言（如 Java、C#）中，函数重载是一种语法上的特性，它允许我们为相同的函数名定义多个类型签名。编译器会根据这些签名在编译时进行正确的类型检查，但在运行时，还是只有一个函数实体。TypeScript 中的函数重载通过在函数实现之前声明多个函数签名来实现。

例如，我们有一个 add 函数，它可以接收 2 个 string 类型的参数进行拼接，也可以接收 2 个 number 类型的参数进行相加。

```typescript
// 重载函数声明
function add(x: string, y: string): string;
function add(x: number, y: number): number;
// 定义函数实现
function add(x: string | number, y: string | number): string | number {
    // 在实现上我们要注意严格判断两个参数的类型是否相等，而不能简单地写一个 x + y
    if (typeof x === 'string' && typeof y === 'string') {
        return x + y;
    } else if (typeof x === 'number' && typeof y === 'number') {
        return x + y;
    }
    return '';
}
console.log(add(2, 17)); // 19
console.log(add('金风', '玉露')); // 金风玉露
console.log(add(1, '凡')); // error
```

7.6 泛型

泛型指在定义函数、接口或类的时候，不预先指定具体的类型，而在使用的时候再指定具体类型的一种特性。

7.6.1 引入泛型

下面创建一个函数，实现的功能是：根据指定的数量 count 和数据 value，创建一个包含 count 个 value 的数组。不用泛型的话，这个函数可能是下面这样：

```typescript
function createArray(value: any, count: number): any[] {
    const arr: any[] = [];
    for (let index = 0; index < count; index++) {
        arr.push(value);
    }
    return arr;
}
const arr1 = createArray(17, 3);
const arr2 = createArray('鹅', 3);
console.log(arr1[0].toFixed(), arr2[0].substr(0)); // 17 鹅
```

引入泛型后，函数是这样的：

```
function createArray <T> (value: T, count: number) {
    const arr: Array<T> = []
    for (let index = 0; index < count; index++) {
      arr.push(value)
    }
    return arr
  }
  const arr1 = createArray<number>(17, 3)
  console.log(arr1[0].toFixed());
  console.log(arr1[0]. substr(0)); // error
  const arr2 = createArray<string>('鹅', 3)
  console.log(arr2[0].substr(0));
  console.log(arr2[0].toFixed()) // error
```

泛型函数的类型与非泛型函数的类型没什么不同，只是有一个类型参数在最前面，像函数声明一样。

7.6.2 多个泛型参数的函数

一个函数可以定义多个泛型参数。在 TypeScript 中，可以通过在函数定义时使用逗号分隔的类型变量列表来指定多个泛型参数。这种方式允许我们创建更灵活和更适用于多种数据类型的函数。示例如下：

```
function swap <K, V> (a: K, b: V): [K, V] {
  return [a, b];
}
const result = swap<string, number>('孙悟空', 72);
console.log(result[0].length, result[1].toFixed()); // 3 "72"
```

7.6.3 泛型接口

泛型接口在 TypeScript 中是一种强大的方式，允许我们在定义接口时，为接口中的属性或方法定义泛型类型，然后在使用接口时再为属性或方法指定具体的类型。这样就可以用同一个接口来定义多种数据类型的结构，而不需要为每种数据类型都定义一个新的接口。示例如下：

```
// 定义基接口
interface Ibase<T> {
    data: T[];// 数据列表
    add: (t: T) => void; // 添加
    detail: (id: number) => T|undefined; // 获取详情
}
// 定义用户类
class User {
    id?: number; // id主键自增
    name: string; // 姓名
    age: number; // 年龄
    constructor(name: string, age: number) {
        this.name = name;
```

```
        this.age = age;
    }
}
// 定义一个实现了基接口 Ibase<T>的类 UserService，泛型类指定为 User
class UserService implements Ibase<User> {
    data: User[] = [];
    add(user: User): void {
        user = { ...user, id: Date.now() };
        this.data.push(user);
        console.log('添加用户', user.id);
    }
    detail(id: number): User|undefined {
        return this.data.find(item => item.id === id);
    }
}
const userService = new UserService();// 实例化对象
userService.add(new User('女帝', 29));// 添加数据
userService.add(new User('石瑶', 27));
console.log(userService.data);
```

运行结果如图 7-8 所示。

```
添加用户 1613306397902
添加用户 1613306397902
▼ (2) [{…}, {…}]
   ▶ 0: {name: "女帝", age: 29, id: 1613306397902}
   ▶ 1: {name: "石瑶", age: 27, id: 1613306397902}
```

图 7-8

7.6.4 泛型类

泛型类是指在定义类时，为类中的属性或方法定义泛型类型，在创建类的实例时，再指定特定的泛型类型。泛型类看上去与泛型接口差不多。泛型类使用◇括起泛型类型，跟在类名后面。例如：

```
class GenericNumber<T> {
    zeroValue?: T;
    add?: (x: T, y: T) => T;
}
let myGenericNumber = new GenericNumber<number>();
myGenericNumber.zeroValue = 0;
myGenericNumber.add = function (x, y) { return x + y; };
```

GenericNumber 类的使用是十分直观的，并且读者可能已经注意到了，没有什么去限制它只能使用 number 类型，它也可以使用字符串或其他更复杂的类型：

```
let stringNumeric = new GenericNumber<string>();
stringNumeric.zeroValue = "大唐";
stringNumeric.add = function (x, y) { return x + y; };
console.log(stringNumeric.add(stringNumeric.zeroValue, "不良人")); // 大唐不良人
```

7.6.5 泛型约束

在 TypeScript 中，泛型约束是一种确保泛型类型具有特定属性的方法。这是通过使用 extends 关键字来实现的，它可以限定一个泛型必须是一个特定类型的子类型。这样，我们就可以对泛型参数做出某些假设，比如它会具有某些方法或属性。

例如，如果我们直接对一个泛型参数取 length 属性就会报错，因为这个泛型根本就不知道它有这个属性。

```
// 没有泛型约束
function fn<T>(x: T): void {
    console.log(x.length);   // error
}
```

下面使用泛型约束来实现：

```
// 定义一个接口，来约束对象属性
interface LengthAttribute {
    length: number;
}
// 指定泛型约束
function fun<T extends LengthAttribute>(x: T): void {
    console.log(x.length);
}
```

我们需要传入符合约束类型的值，必须包含 length 属性：

```
fun('李淳风');
fun(31);  // error: number 类型没有 length 属性
```

7.7 声明文件和内置对象

本节介绍声明文件和内置对象的相关内容。

7.7.1 声明文件

在 TypeScript 中，声明文件非常重要，因为它们帮助 TypeScript 理解 JavaScript 代码。声明文件通常具有.d.ts 文件扩展名，并包含类型声明，这些声明不会编译成任何 JavaScript 代码，它们仅用于在开发过程中提供类型信息，帮助我们的开发工具提供类型检查和代码补全功能。

当我们使用第三方库时，需要引用它的声明文件才能获得对应的代码补全、接口提示等功能。

例如，如果想使用第三方库 jQuery，一种常见的方式是在 HTML 中通过<script>标签引入 jQuery，然后就可以使用全局变量$或 jQuery 了。但是在 TypeScript 中，编译器并不知道$或 jQuery 是什么，如果需要 TypeScript 对新的语法进行检查，就需要加载对应的类型说明代码。把这些说明代码放到一个单独的文件（jQuery.d.ts）中，这个文件就是声明文件。TypeScript 会自动解析项目中的所有声明文件。

下面通过一个示例来说明声明文件的使用。

（1）执行 npm i jquery -S 命令，先来安装 jQuery。

（2）新建 06-other.ts 文件，并在 06-other.ts 中引入 jQuery 库。

```
import jQuery from 'jquery';
(() => {
    jQuery('选择器');
})();
```

此时我们直接使用 jQuery 是没有任何智能提示的，而且会报错。这时，我们需要使用 declare var 来定义它的类型。

（3）在 src 目录下新建 jQuery.d.ts 文件，并添加如下代码：

```
declare var jQuery: (selector: string) => any;
```

此时，我们再将鼠标移到 06-other.ts 文件中的 jQuery 上时，便会出现自定义的智能提示。

declare var 并没有真的定义一个变量，只是定义了全局变量 jQuery 的类型，它仅用于编译时的检查，在编译结果中会被删除。

创建 jQuery.d.ts，将声明语句定义其中，TypeScript 编译器会扫描并加载项目中所有的 TypeScript 声明文件。一般声明文件都会单独写成一个 xx.d.ts 文件。

很多的第三方库都定义了对应的声明文件库，库文件名一般为 @types/xx，我们可以在 https://www.npmjs.com/package/package 上进行搜索。

有的第三库在下载时就会自动下载对应的声明文件库（比如 webpack），有的可能需要单独下载（比如 jQuery/react）。

（4）下载 jQuery 声明文件：

```
npm install @types/jquery --save-dev
```

下载完 jQuery 声明文件后，鼠标移到 06-other.ts 文件中的 jQuery 上时，就可以看到完整的 jQuery 智能提示。

7.7.2 内置对象

JavaScript 中有很多内置对象，它们可以直接在 TypeScript 中作为已定义好了的类型。

内置对象是指根据标准在全局作用域上存在的对象。这里的标准是指 ECMAScript 和其他环境（比如 DOM）的标准。

（1）ECMAScript 的内置对象有：

- Boolean
- Number
- String
- Date
- RegExp

- Error

示例如下:

```
// 1.ECMAScript 的内置对象
let b: Boolean = new Boolean(1);
let n: Number = new Number(true);
let s: String = new String('18 岁');
let d: Date = new Date();
let r: RegExp = /^1/;
let e: Error = new Error('error message');
console.log(b); // Boolean 对象
b = true;
console.log(b); // true
let b1: boolean = new Boolean(2);   // error: Boolean 类型不能赋值给 boolean 类型
```

(2) BOM 和 DOM 的内置对象有:

- Window
- Document
- HTMLElement
- DocumentFragment
- Event
- NodeList

示例如下:

```
// 2.BOM 和 DOM 的内置对象
const div: HTMLElement | null = document.getElementById('app');
const divs: NodeList = document.querySelectorAll('div');
document.addEventListener('click', (event: MouseEvent) => {
    console.dir(event.target);// html
})
const fragment: DocumentFragment = document.createDocumentFragment();
```

BOM 和 DOM 的内置对象在 TypeScript 当中仍然可以使用。

至此,TypeScript 的相关知识基本介绍完毕,相信读者对 TypeScript 已经有了一定的认识,后面的实战项目都将采用 TypeScript 来进行编写。

第 8 章 文章管理系统实战

本章将通过实现一个文章管理系统为读者介绍如何采用视图模板引擎的方式搭建项目环境，并实现项目功能。

首先，将详细介绍项目的环境搭建，包括项目的介绍和框架搭建。然后，将深入探讨项目的功能实现，包括登录、文章管理、用户管理、网站首页文章展示、文章评论以及访问权限控制。最后，为读者提供项目的源码和运行指引。

希望本章内容能够帮助读者更好地理解和运用文章管理系统。

本章学习目标

- 学会搭建 Express 项目
- 学会使用 mongo shell 连接 MongoDB 服务并执行数据库的常用操作
- 学会使用 mongodb 模块完成数据库的增、删、改、查操作
- 学会注册、登录、登出、登录拦截的实现逻辑
- 学会使用富文本工具 ckeditor5，实现文章的发布
- 掌握分页查询的原理与实现
- 掌握文章新增、修改、删除与详情的实现

8.1 项目环境搭建

本章通过一个文章管理系统，帮助读者了解 Node.js Web 服务端的开发流程，学会 Node.js 服务的搭建、MongoDB 数据库的增、删、改、查操作，并能够构建一个完整的 Web 系统。本案例项目将是对前面所学知识的一个总结和实践。

8.1.1 项目介绍

本项目目前实现了四大模块的功能开发，分别是登录注册模块、用户管理模块、文章管理模块和内容展示模块。

登录注册模块和内容展示模块是所有用户都能访问的，用户管理模块和文章管理模块则需要管

理员登录之后才能访问。内容展示模块相当于网站的前台展示，用户、文章管理则相当于网站的后台管理。

前台内容展示界面如图 8-1 所示。

图 8-1

后台管理界面如图 8-2 所示。

图 8-2

8.1.2 项目框架搭建

1. 初始化项目描述文件

新建目录 cms-app，跳转到 cms-app 所在目录，执行初始化命令 yarn init -y，此时会在 cms-app 根目录下自动生成一个文件 package.json。

2. 在 src 目录下建立项目所需目录

项目所需目录如下：

- public：静态资源。
- models：数据库操作。
- controllers：控制器路由。
- views：视图模板。

在 src 目录下建立项目所需目录，结果如图 8-3 所示。

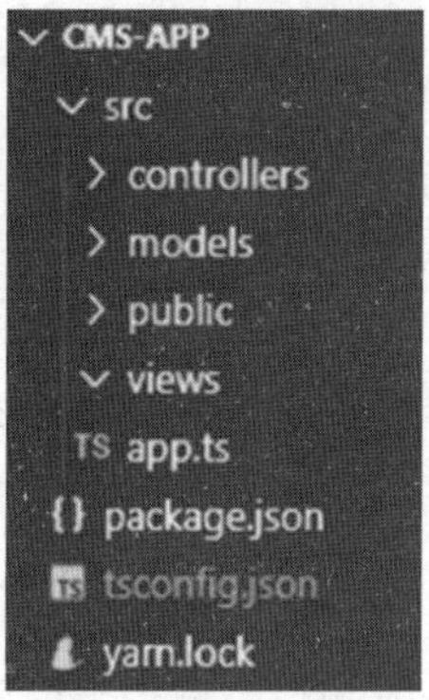

3. 下载项目所需第三方模块

项目需要的第三方模块有：

- express：用于创建网站服务器和路由。
- mongoose：用于连接和操作数据库。
- art-template，express-art-template：是视图引擎，用于渲染模板。

执行如下命令添加所需的第三方模块：

```
yarn add express mongoose art-template express-art-template
```

图 8-3

添加 TypeScript 相关的类型：

```
yarn add typescript @types/express @types/mongoose -D
```

添加全局插件：

```
yarn global add cross-env
```

yarn global add ts-node 因为下载的所有第三方模块都会记录在 package.json 文件中，所以此时要在 package.json 文件中添加如下依赖：

```
"dependencies": {
  "art-template": "^4.13.2",
  "express": "^4.18.2",
  "express-art-template": "^1.0.1",
  "mongoose": "^8.0.0"
},
"devDependencies": {
  "@types/express": "^4.17.21",
}
```

4. 创建网站服务器

新建服务器入口文件 app.ts，代码如下：

```
import express ,{Application} from 'express';
const app :Application = express();
app.listen(80,()=>{
    console.log('网站服务器启动成功，监听端口 80，请访问 http://localhost');
});
```

在这里，使用了 ES 模块语法来导入 Express，并创建一个基本的路由处理函数，然后使用 app.listen()方法来监听端口并启动服务器。

5. 配置 TypeScript

在项目根目录下，执行 tsc –init 生成一个 tsconfig.json 文件，并配置 TypeScript 编译选项：

```
{
  "compilerOptions": {
    "target": "es6",
```

```
    "module": "commonjs",
    "baseUrl": "./src",
    "outDir": "./dist",
  },
  "include": ["src/**/*"]
}
```

这个配置文件告诉 TypeScript 编译器将源代码编译为 CommonJS 模块，并将输出文件保存到 dist 文件夹中。

6. 运行服务器

使用以下命令来启动 Express 服务器：

```
ts-node src/app.ts
```

> **说　明**
>
> ts-node 是基于 tsc 编译器的一款运行时 TypeScript 编译器，它允许 TypeScript 代码在运行时通过 Node.js 环境直接执行，而无须经过构建或打包等步骤。这个特性使得我们在开发过程中，可以更加灵活方便地使用 TypeScript 进行快速迭代。

虽然通过 ts-node 将 TypeScript 代码在内存中进行编译，已经极大地帮我们减轻了负担，但是每次修改代码后仍然需要执行一次 ts-node src/app.ts，还是不够方便，因此，我们使用 nodemon 来监控代码的变化。由于前面章节已经全局安装了 nodemon，所以本项目无须重新安装即可使用。

执行 nodemon --exec ts-node src/app.ts 命令，然后去测试修改 app.ts 中的内容，保存后代码的变化就会被 nodemon 检测到，并自动执行 ts-node src/app.ts，这样就十分方便。我们还可以把它配置成为一个脚本，像我们在 Vue 中，启动项目运行的是 yarn run dev。我们可以在 package.json 中添加如下配置：

```
"scripts": {
   "dev": "nodemon --exec ts-node src/app.ts"
},
```

然后运行 yarn run dev 即可。

7. 构建模块化路由

在 controllers 目录下新建首页路由文件 home-controller.ts，它用于管理与前台内容展示相关的所有路由操作，代码如下：

```
import express, {Request, Response,Router } from "express";
const home:Router = express.Router();
home.get('/', (req:Request, res:Response) => {
// 设置 response 编码为 utf-8
  res.writeHead(200, { 'Content-Type': 'text/html;charset=utf-8' });
  res.end('欢迎进入网站首页');
});
export default home;
```

新建用户管理控制文件 user-controller.ts，代码如下：

```
import express, {Request, Response,Router } from "express";
const admin:Router = express.Router();
admin.get('/', (req:Request, res:Response) => {
// 设置 response 编码为 utf-8
res.writeHead(200, { 'Content-Type': 'text/html;charset=utf-8' });
res.end('欢迎进入网站后台管理页');
});
export default admin;
```

新建文章管理控制文件 article-controller.ts，代码如下：

```
import express, {Request, Response,Router } from "express";
const article:Router = express.Router();
article.get('/', (req:Request, res:Response) => {
  // 设置 response 编码为 utf-8
  res.writeHead(200, { 'Content-Type': 'text/html;charset=utf-8' });
  res.end('欢迎进入文章管理页面');
});
export default article;
```

新建登录注册控制文件 login-controller.ts，代码如下：

```
import express, {Request, Response,Router } from "express";
const login:Router = express.Router();
login.get('/', (req:Request, res:Response) => {
  // 设置 response 编码为 utf-8
  res.writeHead(200, { 'Content-Type': 'text/html;charset=utf-8' });
  res.end('欢迎进入登录注册页面');
});
export default login;
```

接下来，在 app.ts 文件中添加如下代码引入模块化路由：

```
import home from './controllers/home-controller';
import article from './controllers/article-controller';
import user from './controllers/user-controller';
import login from './controllers/login-controller';
const app:Application = express();
app.use('/', home);
app.use('/article', article);
app.use('/user', user);
app.use('/login', login);
```

执行 yarn run dev 命令重新运行项目，然后在浏览器中分别访问 http://localhost、http://localhost/user、http://localhost/article、http://localhost/login，结果如图 8-4~图 8-7 所示。

图 8-4

图 8-5

图 8-6

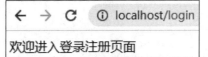
图 8-7

8. 构建文章管理页面模板

我们可以到 https://sc.chinaz.com/tag_moban/bootstrap.html 下载一套基于 Bootstrap 的静态模板，这样就可以省去我们自己做界面的时间。笔者下载的是 https://sc.chinaz.com/moban/190531035580.htm 这套模板，读者可以根据自己的喜好进行下载。下载后解压，然后将所有需要用到的静态文件全部复制到 public 目录中去，如图 8-8 所示。

图 8-8

接下来开放静态资源，在 app.ts 中添加如下代码：

```
import path from 'path';
const app:Application = express();
app.use(express.static(path.join(__dirname, 'public')));
```

运行代码，然后在浏览器地址栏中直接输入"http://localhost/静态资源文件"，就可以访问这些静态资源了。

然而，许多页面都需要从数据库中去填充数据，也就是说不能做成静态页面，只能做成模板页面。因此，将需要用到的页面复制到 views 目录中，然后将它们做成模板页面。在 views 目录下，新建 layout 目录来存放后台系统布局要用的模板页面。

仔细观察后台系统，可以发现顶部模块和左侧菜单导航栏是共用的，因此抽取出独立的模板文件，实现复用。

提取顶部文件 header.art：

```
<div class="header">
<div class="pull-left">
    <div class="logo">
        <a href="/">
            <img id="logoImg" src="/logo/logo.png" data-logo_big="/logo/logo.png"
             data-logo_small="/logo/logoSmall.png" alt="Nixon" />
        </a>
    </div>
    <div class="hamburger sidebar-toggle">
        <span class="ti-menu"></span>
    </div>
</div>
<div class="pull-right p-r-15">
    <ul>
        <li class="header-icon dib">
            <img class="avatar-img" src="/assets/images/avatar/1.jpg" alt="" />
<span class="user-avatar">
            <!-- 用户名 -->
            {{userInfo&&userInfo.username}}
            <i class="ti-angle-down f-s-10"></i></span>
```

```
                <div class="drop-down dropdown-profile">
                    <div class="dropdown-content-body">
                        <ul>
                            <li><a href="/logout">
<i class="ti-power-off"></i>
<span>退出登录</span></a></li>
                        </ul>
                    </div>
                </div>
            </li>
        </ul>
</div>
</div>
```

提取左侧菜单导航栏文件 sidebar.art：

```
<div class="sidebar sidebar-hide-to-small sidebar-shrink sidebar-gestures">
<div class="nano">
    <div class="nano-content">
        <ul>
            <li class="{{currentLink=='user'?'active':''}}">
<a href="/admin/user"><i class="ti-user"></i>
            用户列表</a></li>
            <li class="{{currentLink=='article'?'active':''}}">
<a href="/admin/article">
<iclass="ti-layout-grid2-alt"></i> 文章列表</a></li>
            <li><a href="/logout"><i class="ti-close"></i>
退出登录</a></li>
        </ul>
    </div>
</div>
</div>
```

此外，用户管理、文章管理这两个界面会用到一些公共的样式和脚本，我们也可以抽取出一个母版页 layout.art，代码如下：

```
<!DOCTYPE html>
<html lang="en">
<head>
    <meta charset="utf-8">
    <meta http-equiv="X-UA-Compatible" content="IE=edge">
    <meta name="viewport" content="width=device-width, initial-scale=1">
    <title>{{title}}</title>
    <!-- Styles -->
    <link href="/assets/fontAwesome/css/fontawesome-all.min.css" rel="stylesheet">
    <link href="/assets/css/lib/themify-icons.css" rel="stylesheet">
    <!-- <link href="/assets/css/lib/mmc-chat.css" rel="stylesheet" /> -->
    <link href="/assets/css/lib/sidebar.css" rel="stylesheet">
    <link href="/assets/css/lib/bootstrap.min.css" rel="stylesheet">
    <link href="/assets/css/lib/nixon.css" rel="stylesheet">
    <link href="/assets/lib/lobipanel/css/lobipanel.min.css" rel="stylesheet">
```

```html
    <link href="/assets/css/style.css" rel="stylesheet">
    <link href="/assets/css/lib/toastr/toastr.min.css" rel="stylesheet">
        <link    href=" https://cdnjs.cloudflare.com/ajax/libs/bootstrap-datepicker/1.9.0/css/bootstrap-datepicker.min.css"
        rel="stylesheet">
    {{block 'link'}}{{/block}}
</head>
<body>
    {{block 'main'}} {{/block}}
    <!-- /# content wrap -->
    <script src="/assets/js/lib/jquery.min.js"></script>
    <!-- jquery vendor -->
    <script src="/assets/js/lib/jquery.nanoscroller.min.js"></script>
    <!-- nano scroller -->
    <script src="/assets/js/lib/sidebar.js"></script>
    <!-- sidebar -->
    <script src="/assets/js/lib/bootstrap.min.js"></script>
    <!-- bootstrap -->
    <script src="/assets/js/lib/mmc-common.js"></script>
    <!-- <script src="/assets/js/lib/mmc-chat.js"></script> -->
    <script src="/assets/lib/lobipanel/js/lobipanel.js"></script>
    <!-- // Datamap -->
    <script src="/assets/js/scripts.js"></script>
    <script src="/assets/lib/toastr/toastr.min.js"></script>
    <script
        src="https://cdnjs.cloudflare.com/ajax/libs/bootstrap-datepicker/1.9.0/js/bootstrap-datepicker.min.js"></script>
    <script
        src=https://cdnjs.cloudflare.com/ajax/libs/bootstrap-datepicker/1.9.0/locales/bootstrap-datepicker.zh-CN.min.js></script>
    <!-- scripit init-->
    <script>
        $(document).ready(function () {
            $('#lobipanel-custom-control').lobiPanel({
                reload: false,
                close: false,
                editTitle: false
            });
        });
    </script>
    {{block 'script'}} {{/block}}
</body>
</html>
```

在 layout.art 中，创建了 3 个占位模块，分别是 link、main 和 script：link 用于子界面引入页面特有的样式文件，main 用于填充子界面的 HTML 内容，script 用于填充子界面特有的 JavaScript 脚本。

文件目录如图 8-9 所示。

图 8-9

至此，项目的基本框架就搭建完成了，下一节将实现具体的功能。

8.2 项目功能实现

在 views 目录中，新建两个目录：home 和 admin。这两个目录的名称和控制路由模块的文件名称保持一致，这是一种约定，方便我们统一管理代码结构。下面我们自己动手实现模板页面，需要的样式可以直接去下载的 HTML 模板文件中复制。

首先进行全局配置，修改 app.ts，代码如下：

```
// 导入 art-template 模板引擎
import template from 'art-template';
// 设置模板位置
app.set('views', path.join(__dirname, 'views'));
// 配置模板默认后缀
app.set('view engine', 'art');
// 当渲染后缀为 art 的模板时，指定所使用的模板引擎是什么
app.engine('art', require('express-art-template'));
```

需要注意的是，这些配置要放在引用控制器路由代码之前。

接下来，依次实现具体的功能。

8.2.1 登录注册

先创建登录页面，再实现登录注册功能。

1. 创建登录页面

在 views 目录下新建 login.art 模板页，代码如下：

```
<!DOCTYPE html>
<html lang="en">
...
<body class="bg-primary">
    <div class="container">
        <div class="row">
            <div class="col-lg-6 col-lg-offset-3">
                <div class="login-content">
                    <div class="login-logo">
                        <a href="index.html"><span>{{title}}</span></a>
                    </div>
                    <div class="login-form">
                        <h4>后台登录</h4>
                        <form action="/login" method="post" id="loginForm">
                            <div class="form-group">
                                <label>用户名</label>
                                <input type="text" name="username" class="form-control" placeholder="请输入用户名">
                            </div>
```

```html
                    <div class="form-group">
                        <label>密码</label>
                        <input type="password" name="password" class="form-control" placeholder="请输入密码">
                    </div>
                    <div class="checkbox">
                        <label>
                            <input type="checkbox"> 记住我
                        </label>
                    </div>
                    <button type="submit" class="btn btn-primary btn-flat m-b-30 m-t-30">登 录</button>
                    <div class="register-link m-t-15 text-center">
                        <p>还没有账号？<a href="/register">注册</a></p>
                    </div>
                </form>
            </div>
        </div>
    </div>
    <div id="msg-username" class="alert alert-warning alert-dismissable" role="alert">
        <button class="close" type="button">×</button>
        请输入用户名
    </div>
    <div id="msg-password" class="alert alert-warning alert-dismissable" role="alert">
        <button class="close" type="button">×</button>
        请输入密码
    </div>
</div>
</body>
<script src="/assets/js/lib/jquery.min.js"></script>
<script src="/assets/js/lib/bootstrap.min.js"></script>
<script src="/assets/js/common.js"></script>
<script>
    // 监听表单提交事件
    $('#loginForm').on('submit', function () {
        // 获取到表单中用户输入的内容
        var result = serializeToJson($(this))
        // 如果用户没有输入用户名
        if (result.username.trim().length == 0) {
            $("#msg-username").show();
            return false; // 阻止程序向下执行
        }
        $("#msg-username").hide();
        // 如果用户没有输入密码
        if (result.password.trim().length == 0) {
            $("#msg-password").show();
            return false; // 阻止程序向下执行
        }
```

```
        $("#msg-password").hide();
    });
    // 监听关闭提示框
    $('.close').click(function () {
        $('.alert').alert('close');
    });
</script>
</html>
```

> **注　意**
>
> 静态资源的引用路径采用绝对路径，"/"就表示绝对路径，没有斜杠或者"."和".."表示相对路径，相对路径相对的并不是当前模板文件的路径，而是浏览器请求地址的路径。资源由谁来解析，相对的就是谁，link 这样引入的外部资源文件是由浏览器解析的。

在上述代码当中，有如下注意事项：

（1）为登录表单项设置请求地址、请求方式以及表单项 name 属性。

（2）当用户单击"登录"按钮时，客户端验证用户是否填写了登录表单。

（3）如果其中一项没有输入，就阻止表单的提交。

2. 登录控制路由

修改 login-controller.ts，将路由和页面进行关联：

```
login.get('/', (req, res) => {
  res.render('login');
});
```

在浏览器中访问 http://localhost/login，运行结果如图 8-10 所示。

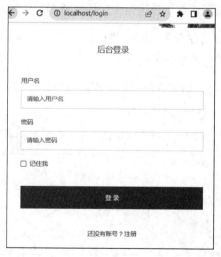

图 8-10

3. 实现登录注册功能

在开始实现登录注册功能之前，先来讲一下第三方模块 config。config 的作用是允许开发人员将不同运行环境下的应用配置信息抽离到单独的文件中，模块内部自动判断当前应用的运行环境，并读取对应的配置信息。这样极大地降低了应用配置信息的维护成本，避免了当运行环境多次重复地进行切换时，需要手动到项目代码中修改配置信息的问题。

config 的使用方式如下：

（1）使用 yarn add config 命令下载 config 模块。
（2）使用 yarn add @types/config –D 安装 TypeScript 类型。
（3）在项目的根目录下新建 config 目录。
（4）在 config 目录下面新建 default.json、development.json、production.json 文件。

default.json 代码如下：

```
{
  "title": "不良人CMS"
}
```

development.json 代码如下：

```
{
  "db": {
    "user": "admin",
    "host": "localhost",
    "port": "27017",
    "name": "cms",
    "pwd": "123456"
  }
}
```

production.json 的配置暂时用不到，我们可以先声明为空对象，实际应用中它的配置属性名称和 development.json 一致，只是属性值要替换为生产环境特有的值。

（5）在项目中通过 import 方法导入 config 模块。
（6）使用模块内部提供的 get 方法获取配置信息。

有时候，我们可能不希望将数据库登录密码这样的敏感信息直接存储在配置文件当中，而是将它存储在系统的环境变量当中。操作步骤如下：

步骤 01 新建系统环境变量 CMS_PASSWORD，这个变量名称可以自定义，如图 8-11 所示。

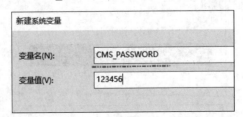

图 8-11

步骤 02 在 config 目录中建立 custom-environment-variables.json 文件，这个文件名不能随意命名。

custom-environment-variables.json 代码如下：

```
{
  "db": {
    "pwd": "CMS_PASSWORD"
  }
}
```

注意，custom-environment-variables.json 中的数据结构要和 development.json.json 中需要替换的变量保持一致。

步骤 03 配置项属性的值填写系统环境变量的名字。

步骤 04 项目运行时 config 模块查找系统环境变量，并读取其值作为当前配置项属性的值。

下面开始实现登录注册功能。登录功能的实现原理如下：

（1）连接数据库，创建用户集合，初始化用户。
（2）为登录表单项设置请求地址、请求方式以及表单项 name 属性。
（3）当用户单击"登录"按钮时，客户端验证用户是否填写了登录表单。如果其中一项没有输入，就阻止表单的提交。
（4）服务器端接收请求参数，验证用户是否填写了登录表单。如果其中一项没有输入，就向客户端做出响应，阻止程序向下执行。
（5）根据用户名查询用户信息。如果用户不存在，就向客户端做出响应，阻止程序向下执行；如果用户存在，就将用户名和密码进行比对。
（6）如果比对成功，则用户登录成功；如果比对失败，则用户登录失败。
（7）保存登录状态。
（8）密码加密处理。

实现步骤如下：

1）连接数据库

在 models 目录下创建文件 conn.ts，用于创建数据库连接。
在 app.ts 中引入 conn.ts 文件，从而打开数据库连接，代码如下：

```
// 数据库连接
import './models/conn';
```

2）创建用户集合

在讲解创建用户集合之前，有必要先讲一下其中用到的知识点 bcryptjs 和 Joi。

bcryptjs 是一个用于密码加密的 JavaScript 库。它实现了 bcrypt 密码散列函数，可以在 Node.js 环境中使用。bcryptjs 使用哈希加密来转换密码。哈希加密是一种单向加密方式，它将明文（如"123456"）转换成一串随机的字符序列（如"abcdef"）。在加密的密码中加入随机字符串，可以增加密码被破解的难度。

bcryptjs 的使用示例如下：

（1）安装 bcrypt：

```
yarn add bcryptjs
yarn add @types/bcryptjs -D
```

（2）导入 bcrypt 模块：

```
import bcryptjs from 'bcryptjs';
```

（3）生成随机字符串：

```
let salt = await bcrypt.genSalt(10);
```

（4）使用随机字符串对密码进行加密：

```
let pass = await bcrypt.hash('明文密码', salt);
```

（5）密码比对：

```
let isEqual = await bcrypt.compare('明文密码', '加密密码');
```

Joi 是一个流行的 JavaScript 库，用于描述和验证 JavaScript 对象的结构。它常用于 Node.js 应用程序中对输入数据进行验证，确保它们满足特定的模式或结构。Joi 的使用示例如下：

（1）安装 Joi：

```
yarn add joi
yarn add @types/joi -D
```

（2）使用 Joi：

```
const schema = Joi.object( {
    username: Joi.string().alphanum().min(2).max(16).required().error(new Error('错误信息')),
    password: Joi.string().regex(/^[a-zA-Z0-9]{6,16}$/),
    access_token: [Joi.string(), Joi.number()],
    birthyear: Joi.number().integer().min(1900).max(2020),
    email: Joi.string().email()
});
schema.validate({ username: 'jiekzou', birthyear: 1988 });
```

下面开始正式创建用户集合。在 models 目录下，新建 user.ts 文件，代码如下：

```
// 创建用户集合
// 引入 mongoose 第三方模块
import { Document, Schema, model } from 'mongoose';
// 导入 bcryptjs
import bcrypt from 'bcryptjs';
// 引入 joi 模块
import Joi from 'joi';
interface IUser extends Document {
    username: string;
    email: string;
    password: string;
    role: string;
    status: number;
    createTime: Date
}
// 创建用户集合规则
const userSchema = new Schema<IUser>({
```

```
        // 用户名
        username: {
            type: String,        // 字符串类型
            required: true,      // 必填项
            unique: true,        // 用户名唯一
            minlength: 2,        // 最小长度为 2
            maxlength: 16,       // 最大长度为 16
        },
        // 邮箱
        email: {
            type: String,
            unique: true, // 保证邮箱地址在插入数据库时不重复
            required: true,
        },
        // 密码
        password: {
            type: String,
            required: true,
        },
        // 角色: admin 超级管理员; normal 普通用户
        role: {
            type: String,
            required: true,
        },
        // 状态: 0 启用状态; 1 禁用状态
        status: {
            type: Number,
            default: 0,
        },
        // 创建时间
        createTime: {
            type: Date,
            default: Date.now, // 默认当前时间
        },
});
// 创建集合
const User = model<IUser>('User', userSchema);
async function createUser() {
    const salt = await bcrypt.genSalt(10);
    const pass = await bcrypt.hash('123456', salt);
    const user = await User.create({
        username: 'zouyujie',
        email: 'zouyujie@126.com',
        password: pass,
        role: 'admin',
        status: 0,
    });
}
// createUser(); // 初始化一个用户
// 验证用户信息
```

```
const validateUser = (user: IUser) => {
    // 定义对象的验证规则
    const schema = Joi.object({
        username: Joi.string()
            .min(2)
            .max(12)
            .required()
            .error(new Error('用户名不符合验证规则')),
        email: Joi.string()
            .email()
            .required()
            .error(new Error('邮箱格式不符合要求')),
        password: Joi.string()
            .regex(/^[a-zA-Z0-9]{3,30}$/)
            .required()
            .error(new Error('密码格式不符合要求')),
        role: Joi.string()
            .valid('normal', 'admin')
            .required()
            .error(new Error('角色值非法')),
        status: Joi.number().valid(0, 1).required().error(new Error('状态值非法')),
    });
    // 实施验证
    return schema.validate(user);
};
// 将用户集合作为模块成员进行导出
export default {
    User,
    validateUser,
}
```

在上述代码中，首先导入了 Mongoose 库中的 Document、Schema 和 model。然后，定义了一个 IUser 接口，用于表示用户文档的结构，接口中包含了用户的名称、电子邮箱和密码等字段。接下来，创建了一个 UserSchema，它使用了 IUser 接口定义的字段。UserSchema 是一个 mongoose.Schema 实例，我们可以在调用 model 函数时将它传递给泛型类型参数，以便在 TypeScript 中严格识别模型。

最后，使用 model 函数将 User 类定义为 mongoose 模型。在调用 model 函数时，我们传递了"User"作为模型的名称，并将 UserSchema 作为模式参数传递给它。

3）创建数据库并添加超级管理员

默认安装的 MongoDB 是没有设置用户密码的，这样极其危险，所以通常需要设置一下用户密码。

（1）设置 admin。在控制台依次执行以下命令：

```
mongosh
use cms
db.createUser({user:'admin',pwd:'123456',roles:['readWrite']});
```

这将在 cms 数据库中创建一个名为 admin 的用户，密码为 123456，并为他赋予'readWrite'角色。

(2）开启验证。找到 MongoDB 的安装目录 D:\Program Files\MongoDB\Server\7.0\bin 下的 mongod.cfg 文件，在#security:下添加下面代码：

```
security:
  authorization: enabled
```

（3）重启 MongoDB。修改配置之后，记得重启 MongoDB：按快捷键 Win+R，在弹出的"运行"对话框中输入 services.msc，然后找到 MongoDB Server（MongoDB），重启服务。

（4）打开 Compass，创建新连接，然后输入账号 admin，密码 123456，数据库 cms，重新进行连接，如图 8-12 所示。

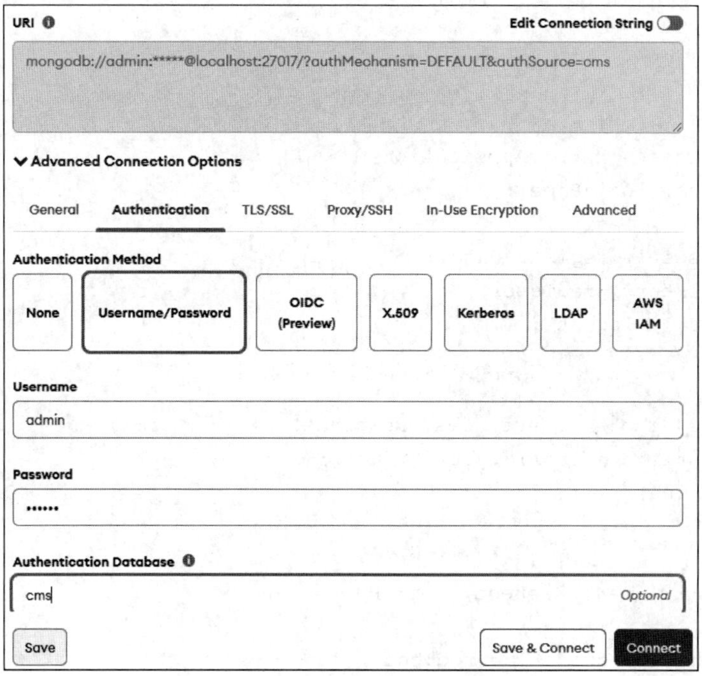

图 8-12

单击 Connect 按钮，如果能够正常登录数据库，说明配置成功。

当设置账号和密码成功后，我们对 MongoDB 数据库的操作就有了限制，这时需要我们输入账号和密码进行登录。

```
mongosh
use cms
db.auth('admin', '123456')
```

常用的命令如下：

```
show users    // 查看当前数据库下的用户
db.dropUser('admin')    // 删除用户
db.updateUser('admin', {pwd: 'yujie'})    // 修改用户密码
db.auth('admin', 'yujie')    // 密码认证
```

（5）执行 createUser()方法初始化登录用户。createUser()方法的作用是在系统第一次运行时生

成一个初始化用户，执行一次之后，就不需要再执行了，之后必须对它进行注释。

4）实现登录控制器代码

修改 login-controller.ts 代码：

```typescript
import bcrypt from 'bcryptjs'; // 导入加密包
import config from 'config';
// 导入用户集合构造函数
import modelUser from '../models/user';
import { IUser, User, validateUser } from '../models/user';
declare module 'express-session' {
  interface SessionData {
    userInfo: IUser;
  }
}
// 注册路由
const registerRoutes = (app: Application) => {
  app.get('/login', loginPape);
  app.post('/login', login);
  app.get('/register', registerPage);
  app.post('/register', register);
  app.get('/logout', logout);
};
// 登录-get
const loginPape = (req: Request, res: Response) => {
  req.app.locals.title = config.get('title');
  res.render('login');
};
// 登录-post
const login = async (req: Request, res: Response) => {
  // 接收请求参数
  const { username, password } = req.body;
  console.log('object :>> ', username, password);
  const msg = '用户名或者密码错误';
  if (username.trim().length == 0 || password.trim().length == 0) {
    return res.status(400).render('admin/error', { msg });
  }
  // 根据用户名查找用户信息
  let user = await User.findOne({ username });
  // 查询到了用户
  if (user) {
    /**
     * 将客户端传递过来的密码和用户信息中的密码进行比对
     * true 表示比对成功
     * false 表示对比失败
     */
    let isValid = await bcrypt.compare(password, user.password);
    // 如果密码比对成功
    if (isValid) {
```

```
        // 将用户信息存储在 session 对象中
        req.session.userInfo = user;
        // 将用户信息存储到全局变量，所有模板可以直接访问
        req.app.locals.userInfo = user;
        // 对用户的角色进行判断
        if (user.role == 'admin') {
          // 重定向到用户列表页面
          res.redirect('/admin/user');
        } else {
          // 重定向到博客首页
          res.redirect('/');
        }
      } else {
        // 用户名和密码错误
        res.status(400).render('admin/error', { msg });
      }
    } else {
      // 没有查询到用户
      res.status(400).render('admin/error', { msg });
    }
  }
}
// 注册页面
const registerPage = (req: Request, res: Response) => {
  const { message } = req.query;
  res.render('register', { message });
}
// 注册-post
const register = async (req: Request, res: Response) => {
  try {
    await validateUser(req.body);
  } catch (e) {
    // 验证没有通过
    // 重定向回用户添加页面
    return res.redirect(`/register?message=${e.message}`);
  }
  // 根据邮箱地址查询用户是否存在
  let user = await User.findOne({
    $or: [{ email: req.body.email }, { username: req.body.username }],
  });
  // 如果用户已经存在或邮箱地址已经被别人占用
  if (user) {
    // 重定向回注册页面
    return res.redirect(`/register`);
  }
  // 对密码进行加密处理——生成随机字符串
  const salt = await bcrypt.genSalt(10);
  // 加密
  const password = await bcrypt.hash(req.body.password, salt);
```

```
    // 替换密码
    req.body.password = password;
    // 将用户信息添加到数据库中
    await User.create(req.body);
    // 将页面重定向到首页
    res.redirect('/');
}
// 退出登录
const logout = (req: Request, res: Response) => {
    // 删除 session
    req.session.destroy(function () {
        // 删除 cookie
        res.clearCookie('connect.sid');
        // 重定向到用户登录页面
        res.redirect('/login');
        // 清除模板中的用户信息
        req.app.locals.userInfo = null;
    });
}
export default {
    registerRoutes,
    loginPape,
    login,
    registerPage,
    register,
    logout
}
```

这里采用了 session 作为会话存储。

考虑到有多个控制器文件,我们可以在 src 目录下新建一个文件 routes.ts,用于管理所有控制器路由文件,代码如下:

```
import { Application } from "express";
import loginController from './controllers/login-controller';
import homeController from './controllers/home-controller';
import userController from './controllers/user-controller';
import articleController from './controllers/article-controller';

export default function(app:Application){
    loginController.registerRoutes(app);
    homeController.registerRoutes(app);
    userController.registerRoutes(app);
    articleController.registerRoutes(app);
}
```

这里统一了每一个控制器文件的注册路由方法 registerRoutes,所以每个控制器文件当中都要运行这个方法进行路由的注册。

为了让代码能够先运行起来,我们先把 article-controller.ts、home-controller.ts、user-controller.ts

这 3 个文件中的代码都设置如下：

```
export default {
    registerRoutes:(app:Application)=>{},
}
```

然后在 app.ts 文件当中，就只需要引入一个路由管理文件 routes.js 即可，前面的控制器引入代码就可以注释掉了。

```
// 添加路由
import routes from './routes';
routes(app);
//--------------这些用 routes 替代-----------------
// import home from './controllers/home-controller';
// import article from './controllers/article-controller';
// import user from './controllers/user-controller';
// import login from './controllers/login-controller';
// app.use('/', home);
// app.use('/article', article);
// app.use('/user', user);
// app.use('/login', login);
```

代码中还使用到了 body-parser。body-parser 是一个 HTTP 请求体解析的中间件，使用它可以解析 JSON、Raw、文本、URL-encoded 格式的请求体。

安装 body-parser：

```
yarn add body-parser
yarn add @types/body-parser -D,
```

然后在 app.ts 中引入 body-parser：

```
// 引入 body-parser 模块来处理 POST 请求参数
import bodyParser from 'body-parser';
// 处理 POST 请求参数
app.use(bodyParser.urlencoded({ extended: false }));
```

4. 登录失败的处理

当登录失败时，我们可以提供一个比较友好的错误提示页面。新建 admin/error.art，代码如下：

```
<!DOCTYPE html>
<html lang="en">
<head>
    <meta charset="UTF-8">
    <meta name="viewport" content="width=device-width, initial-scale=1.0">
    <title>错误页</title>
</head>
<body>
    {{msg}}
</body>
</html>
```

当输入错误的账号和密码时，就会出现如图 8-13 所示的错误提示信息。

图 8-13

8.2.2 文章管理

文章管理是整个系统的灵魂,文章管理通常分为分页查询、新增、编辑、删除 4 个功能模块。文章列表界面如图 8-14 所示。

图 8-14

1. 分页查询和删除

开发功能,数据先行。我们首先创建文章的数据库实体,article.ts 的代码如下:

```
// 创建文章集合
// 1.引入 mongoose 模块
import { Document, Schema, model } from 'mongoose';
interface IArticle extends Document {
   title:string;
   author:Schema.Types.ObjectId;
   publishDate:Date;
   cover:string;
   content:string;
}
// 2.创建文章集合规则
const articleSchema = new Schema<IArticle>({
  // 文章标题
  title: {
    type: String,
    maxlength: 30,
    minlength: 4,
    required: [true, '请填写文章标题'],
  },
  // 作者
```

```
    author: {
      type: Schema.Types.ObjectId,
      ref: 'User',
      required: [true, '请传递作者'],
    },
    // 发布日期
    publishDate: {
      type: Date,
      default: Date.now,
    },
    // 封面
    cover: {
      type: String,
      default: null,
    },
    // 内容简介
    content: {
      type: String,
    },
});
// 3.根据规则创建集合
const Article = model<IArticle>('Article', articleSchema);
// 4.将集合作为模块成员进行导出
export {
    Article
};
```

接下来实现文章管理界面，界面当中用到了分页和查询。

当数据库中的数据非常多时，数据需要分批次显示，这时就需要用到数据分页功能。分页功能核心要素有以下两个：

- 当前页：当用户单击"上一页""下一页"或者具体页码时，客户端（通常是浏览器）可以通过 GET 请求的查询参数（query string）将当前页的信息发送到服务器端。
- 总页数：根据总页数判断当前页是否为最后一页，并根据判断结果进行响应。总页数=Math.ceil（总数据条数/每页显示数据条数）。

我们也可以使用一些第三方的分页插件来帮助我们实现分页。

下面实现分页查询和删除功能。新建 views/admin/article/index.art，代码如下：

```
{{extend '../../layout/layout.art'}}
{{block 'main'}}
{{include '../../layout/sidebar.art'}}
{{include '../../layout/header.art'}}
<div class="content-wrap">
    <div class="main">
        <div class="container-fluid">
            <div class="row">
                <div class="col-lg-12 p-0">
                    <div class="page-header">
```

```html
                    <div class="page-title">
                        <h1>文章列表</h1>
                    </div>
                </div>
            </div>
        </div><!-- /# row -->
        <div class="main-content">
            <div class="search-bar">
                <form class="form-inline" action="/admin/article" id="searchForm" method="GET">
                    <div class="form-group">
                        <label for="username">文章标题</label>
                        <input type="text" class="form-control" name="title" placeholder="文章标题">
                    </div>
                    <button type="submit" class="btn btn-primary">查询</button>
                    <button type="button" class="btn btn-success fr" onclick="addArticle()">创建文章</button>
                </form>
            </div>
            <div class="row">
                <div class="col-lg-12">
                    <div class="card alert">
                        <div class="card-body">
                            <table class="table table-responsive">
                                <thead>
                                    <tr>
                                        <th>ID</th>
                                        <th>标题</th>
                                        <th>发布时间</th>
                                        <th>作者</th>
                                        <th>操作</th>
                                    </tr>
                                </thead>
                                <tbody>
                                    {{each articles.records}}
                                    <tr>
                                        <td>{{@$value._id}}</td>
                                        <td>{{$value.title}}</td>
                                        <td>{{moment($value.createTime).format('YYYY-MM-DD HH:mm')}}</td>
                                        <td>{{$value.author.username}}</td>
                                        <td class="operator">
                                            <a href="/admin/article/edit-view?id={{@$value._id}}"
                                                class="ti-pencil color-primary"></a>
                                            <i class="ti-close color-danger dele
```

```
te" data-toggle="modal"
                                                       data-target=".confirm-modal" dat
a-id="{{@$value._id}}"></i>
                                            </td>
                                        </tr>
                                    {{/each}}
                                </tbody>
                            </table>
                            <!-- 分页 -->
                            <ul class="pagination">
                                {{if articles.page > 1}}
                                <li>
                                    <a href="/admin/article?page={{articles.page
- 1}}">
                                        <span>&laquo;</span>
                                    </a>
                                </li>
                                {{/if}}

                                {{each articles.display}}
                                <li><a href="/admin/article?page={{$value}}">{{$
value}}</a></li>
                                {{/each}}

                                {{if articles.page < articles.pages}}
                                <li>
                                    <a href="/admin/article?page={{articles.page
- 0 + 1}}">
                                        <span>&raquo;</span>
                                    </a>
                                </li>
                                {{/if}}
                            </ul>
                            <!-- /分页 -->
                        </div>
                    </div>
                </div><!-- /# column -->
            </div><!-- /# row -->
        </div>
        <!-- /# main content -->Copyright &copy; 2019.Company name All rights re
served.<a target="_blank"
           href="http://sc.chinaz.com/moban/">&#x7F51;&#x9875;&#x6A21;&#x677F;<
/a>
    </div><!-- /# container-fluid -->
</div><!-- /# main -->
<!-- 删除确认弹出框 -->
<div class="modal fade confirm-modal">
    <div class="modal-dialog modal-lg">
```

```
                <form class="modal-content" action="/admin/article/delete" method="get">
                    <div class="modal-header">
                        <button type="button" class="close" data-dismiss="modal"><span>&times;</span></button>
                        <h4 class="modal-title">请确认</h4>
                    </div>
                    <div class="modal-body">
                        <p>您确定要删除这篇文章吗?</p>
                        <input type="hidden" name="id" id="deleteArticleId">
                    </div>
                    <div class="modal-footer">
                        <button type="button" class="btn btn-default" data-dismiss="modal">取消</button>
                        <input type="submit" class="btn btn-primary" value="确定">
                    </div>
                </form>
            </div>
        </div>
</div><!-- /# content wrap -->
{{/block}}
{{block 'script'}}
<script>
    // 跳转到创建文章页面
    function addArticle() {
        window.location.href = '/admin/article/edit-view';
    }
    // 删除操作
    $('.delete').on('click', function () {
        // 获取用户id
        var id = $(this).attr('data-id');
        // 将要删除的用户id存储在隐藏域中
        $('#deleteArticleId').val(id);
    })
</script>
{{/block}}
```

2. 新增和编辑

文章新增和编辑共用同一个界面 views/admin/article/edit.art，有文章 id 的为编辑，无文章 id 的为新增。界面如图 8-15 所示。

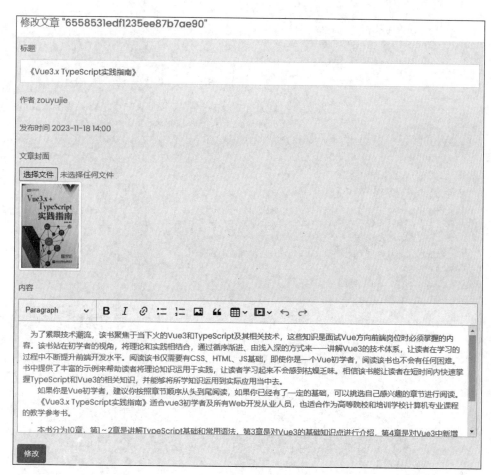

图 8-15

edit.art 代码如下:

```
{{extend '../../layout/layout.art'}}
{{block 'main'}}
{{include '../../layout/sidebar.art'}}
{{include '../../layout/header.art'}}
<style>
    .form-container {
        margin-top: 10px;
    }
    .ck-editor__editable_inline {
        height: 200px !important;
    }
    .img-thumbnail {
        height: 160px;
    }
</style>
<div class="content-wrap">
    <div class="main">
        <div class="container-fluid">
```

```html
            <!-- 分类标题 -->
            <div class="row">
                <div class="col-lg-12 p-0">
                    <div class="page-header">
                        <div class="page-title">
                            <h1 class="tips"><span>{{message}} </span><span
                                style="display: {{button == '修改
' ? 'inline-block' : 'none'}}">{{article && article._id}}</span>
                            </h1>
                        </div>
                    </div>
                </div>
            </div><!-- /# row -->
            <!-- /分类标题 -->
            <form class="form-container" action="{{link}}" method="post" enctype="mu
ltipart/form-data">
                <div class="form-group">
                    <label>标题</label>
                    <input type="text" class="form-control" placeholder="请输入文章标
题" name="title"
                        value="{{article && article.title||''}}">
                </div>
                <div class="form-group">
                    <label>作者</label>
                    <input type="hidden" name="author" value="{{userInfo&&userInfo._
id}}" />
                    <label>{{@ userInfo&&userInfo.username||''}}</label>
                </div>
                <div class="form-group">
                    <label>发布时间</label>
                    <label>{{moment(article.publishDate).format('YYYY-MM-DD HH:mm')}
}</label>
                    <input                      type="hidden"                      name="publishDate"
value="{{moment(article.publishDate).format('YYYY-MM-DD HH:mm')}}" />
                </div>
                <div class="form-group">
                    <label for="exampleInputFile">文章封面</label>
                    <!-- multiple 允许用户一次性选择多个文件 -->
                    <input type="file" id="file">
                    <input type="hidden" name="cover" id="cover" value="{{article.co
ver}}" />
                    <div class="thumbnail-waper">
                        <img class="img-thumbnail" src="{{article.cover}}" id="previ
ew">
                    </div>
                </div>
                <div class="form-group">
                    <label>内容</label>
                    <textarea name="content" class="form-control" id="editor" rows="
8">
```

```html
                        {{article && article.content}}
                    </textarea>
                </div>
                <div class="buttons">
                    <input type="submit" id="submit" class="btn btn-primary" value="{{button}}">
                </div>
            </form>
        </div>
    </div>
</div><!-- /# content wrap -->
{{/block}}
{{block 'script'}}
<script src="/assets/lib/ckeditor5/ckeditor.js"></script>
<script type="text/javascript">
    $('.datepicker').datepicker({
        language: 'zh-CN',
        format: 'yyyy-mm-dd HH:mm',
        // startDate: '0d'
    });
    let editor;
    ClassicEditor
        .create(document.querySelector('#editor'), {
            ckfinder: {
                uploadUrl: '/admin/article/browerServer' // 自定义图片上传
            }
        })
        .then(newEditor => {
            editor = newEditor;
            console.log('editor :>> ', editor);
        })
        .catch(error => {
            console.error(error);
        });
    document.querySelector('#submit').addEventListener('click', function () {
        const editData = editor.getData();
    })
    // 获取数据
    // 选择文件上传控件
    var file = document.querySelector('#file');
    var preview = document.querySelector('#preview');
    var cover = document.querySelector('#cover');
    // 当用户选择完文件以后
    file.onchange = function () {
        // 1. 创建文件读取对象
        var reader = new FileReader();
        // 用户选择的文件列表
        // 2. 读取文件
        reader.readAsDataURL(this.files[0]);
        // 3. 监听 onload 事件
```

```
            reader.onload = function () {
                console.log(reader.result)
                // 将文件读取的结果显示在页面中
                preview.src = reader.result;
                cover.value = reader.result;
            }
        }
</script>
{{/block}}
```

这里使用了 HTML 中的 hidden 来临时存储数据,并添加相应的 name 属性,这样在提交表单的时候,就会把数据一并提交到后台。

此外,这里还用到了富文本组件 ckeditor5,关于 ckeditor5 的更详细的介绍,可以移步至其官网(https://ckeditor.com/ckeditor-5/)学习。

文章列表控制器 article-controller.ts 的代码如下:

```
import express, {Application,Request, Response,Router,NextFunction } from "express";
// 将文章集合的构造函数导入当前文件中
import { Article } from '../models/article';
// 引入 formidable 第三方模块
import formidable from 'formidable';
import path from 'path';
// 导入 mongoose-sex-page 模块
const pagination = require('mongoose-sex-page');
// 获取表单对象
export const getFormObj=(fields:any)=>{
  const post:any = {};
  for(let field in fields){
                post[field]=Array.isArray(fields[field])&&fields[field].length>0?fields[field][0]:fields[field];
  }
  return post;
}
 const registerRoutes=  (app:Application)=> {
    app.get('/admin/article', articlePage);
    app.get('/admin/article/edit-view', editView);
    app.post('/admin/article/add', add);
    app.post('/admin/article/edit', edit);
    app.get('/admin/article/remove', remove);
    app.post('/admin/article/browerServer', uploadImg);
  }
  const articlePage= async (req: Request, res: Response) => {
    // 标识当前访问的是文章管理页面
    req.app.locals.currentLink = 'article';
    // 接收客户端传递过来的页码
    let { title, page } = req.query;
    // 条件查询
    let searchObj:any = {};
    if (title) {
      searchObj.title = title;
```

```js
  }
  // 查询所有文章数据
  let articles = await pagination(Article)
    .find(searchObj)
    .page(page) // page 指定当前页
    .size(2) // size 指定每页显示的数据条数
    .display(3) // display 指定客户端要显示的页码数量
    .populate('author')
    .exec(); // exec 向数据库中发送查询请求
  // 渲染文章列表页面模板
  res.render('admin/article', {
    articles: JSON.parse(JSON.stringify(articles)),
  });
}
const editView= async (req: Request, res: Response) => {
  req.app.locals.currentLink = 'article';
  const { id } = req.query;
  if (id) {
    let article = await Article.findOne({ _id: id });
    console.log('article :>> ', article);
    res.render('admin/article/edit.art', {
      message: '修改文章',
      article: article,
      button: '修改',
      link: '/admin/article/edit?id=' + id,
    });
  } else {
    res.render('admin/article/edit.art', {
      message: '创建文章',
      button: '添加',
      link: '/admin/article/add',
      article: {publishDate:new Date()}
    });
  }
}
// 添加
const add= async (req: Request, res: Response) => {
  // 1.创建表单解析对象 （1）uploadDir:配置上传文件的存放位置；（2）keepExtensions:保留上传文件的后缀
    const form = formidable({uploadDir:path.join(__dirname, '../', 'public', 'uploads'),keepExtensions:true});
  try{
  // 2.解析表单
  form.parse(req, async (err:any, fieldsArr:any, files:any) => {
    // （1）err 错误对象 如果表单解析失败，err 里面存储错误信息；如果表单解析成功，err 将会是 null
    // （2）fields 对象类型，保存普通表单数据
    // （3）files 对象类型，保存和上传文件相关的数据
    const fields=getFormObj(fieldsArr);
    fields.author=fields.author.replaceAll('"','');// new
    await Article.create({
```

```typescript
      title: fields.title,
      author:fields.author,// new ObjectId(fields.author),
      publishDate: fields.publishDate,
      cover:fields.cover,
      content: fields.content,
    });
    // 将页面重定向到文章列表页面
    res.redirect('/admin/article');
  });
}catch(ex:any){
  console.log('ex',ex);
}
}
// 编辑
const edit= async (req: Request, res: Response) => {
  // 1.创建表单解析对象
    const form = formidable({uploadDir:path.join(__dirname, '../', 'public',
'uploads'),keepExtensions:true});
  const id = req.query.id;
  // 2.解析表单
  form.parse(req, async (err:any, fieldsArr:any, files:any) => {
    // (1) err 错误对象 如果表单解析失败，err 里面存储错误信息；如果表单解析成功 err 将会是 null
    // (2) fields 对象类型，保存普通表单数据
    // (3) files 对象类型，保存和上传文件相关的数据
    const fields=getFormObj(fieldsArr);
    console.log('fields :>> ', fields, id);
    // 修改
    await Article.updateOne(
      { _id: id },
      {
        title: fields.title,
        // author: fields.author,
        cover: fields.cover,
        content: fields.content,
      }
    );
    // 将页面重定向到文章列表页面
    res.redirect('/admin/article');
  });
}
// 删除
const remove= async (req: Request, res: Response) => {
  // 根据 id 删除文章
  const result = await Article.findOneAndDelete({ _id: req.query.id });
  console.log('req.query.id :>> ', req.query.id, result);
  if (result) {
    // 将页面重定向到文章列表页面
    res.redirect('/admin/article');
  } else {
    // 删除失败
```

```
    }
  }
  // 上传图片
  const uploadImg= (req: Request, res: Response, next:NextFunction) => {
    try {
      // 1.创建表单解析对象
      const form = formidable({uploadDir:path.join(__dirname, '../', 'public',
'uploads/images'),keepExtensions:true});
      // 2.解析表单
      form.parse(req, async (err:any, fields:any, files:any) => {
        // （1）err 错误对象 如果表单解析失败，err 里面存储错误信息；如果表单解析成功，err 将会是 null
        // （2）fields 对象类型，保存普通表单数据
        // （3）files 对象类型，保存和上传文件相关的数据
        let filename = files.upload.path.split('public')[1];
        return res.json({ uploaded: true, url: filename });
      });
    } catch (e:any) {
      console.log(e);
    }
  }
export default {
  registerRoutes,
  articlePage,
  editView,
  add,
  edit,
  remove,
  uploadImg
}
```

在上述代码当中，需要特别说明的是：

（1）在新增和编辑当中，用到了文件上传，文件上传用到了第三方包 formidable。

安装 formidable：yarn add formidable、yarn add @types/formidable –D。

（2）文章列表用到了第三方分页包 mongoose-sex-page。

安装 mongoose-sex-page：yarn add mongoose-sex-page。
使用示例如下：

```
const pagination = require('mongoose-sex-page');
pagination(集合构造函数).page(1) .size(10) .display(5) .exec();
```

（3）用到了第三方日期处理包 moment。

安装 moment：yarn add moment。

为了能够全局使用 moment，我们应该在 app.ts 中引入：

```
// 导入 art-template 模板引擎
import template from 'art-template';
import moment from 'moment';
// 向模板内部导入 moment 变量
template.defaults.imports.moment = moment;
```

8.2.3 用户管理

关于用户管理，读者可以参照笔者提供的源代码自行实现，书中不会给出所有代码，因为用户管理和文章管理的实现方式基本相同，甚至更加简单。这里只列出实现的步骤。

用户列表界面如图 8-16 所示。

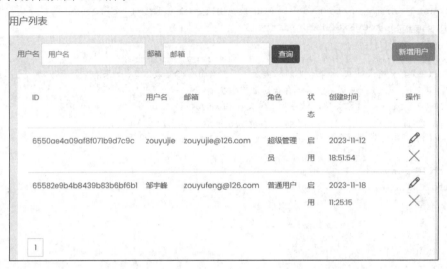

图 8-16

用户管理实现步骤如下：

步骤 01 创建用户实体对象，用户实体文件 models/user.ts 在之前实现登录的时候已经创建了。

步骤 02 实现用户列表页面 views/user/index.art。实现代码中有如下几个关键点：

- 在用户列表的分页示例当中，并没有使用第三方的分页插件，而是自己手写。
- limit(2) // limit 表示限制查询数量，传入每页显示的数据数量。
- skip(1) // skip 表示跳过多少条数据，传入显示数据的开始位置。
- 数据开始查询位置=（当前页-1）× 每页显示的数据条数。

步骤 03 新增用户 views/user/edit.art。实现代码中有如下几个关键点：

- 为用户列表页面的新增用户按钮添加链接。
- 添加一个链接对应的路由，在路由处理函数中渲染新增用户模板。
- 为新增用户表单指定请求地址、请求方式、为表单项添加 name 属性。
- 增加实现添加用户功能的路由。
- 接收客户端传递过来的请求参数。
- 对请求参数的格式进行验证。
- 验证当前的用户名和邮箱地址是否已经注册过。
- 对密码进行加密处理。
- 将用户信息添加到数据库中。
- 重定向页面到用户列表页面。

步骤 04 编辑用户 views/user/edit.art。实现代码中有如下几个关键点：

- 将要修改的用户 id 传递到服务器端。
- 建立用户信息修改功能对应的路由。
- 接收客户端表单传递过来的请求参数。
- 根据 id 查询用户信息，并将客户端传递过来的密码和数据库中的密码进行比对。
- 如果比对失败，就对客户端做出响应。
- 如果对比成功，就将用户信息更新到数据库中。

步骤 05 删除用户 views/admin/user/index.art。实现代码中有如下几个关键点：

- 在确认删除框中添加隐藏域，以存储要删除用户的 id 值。
- 为删除按钮添加自定义属性，以存储要删除用户的 id 值。
- 为删除按钮添加单击事件，在单击事件处理函数中获取自定义属性中存储的 id 值，并将 id 值存储在表单的隐藏域中。
- 为删除表单添加提交地址和提交方式。
- 在服务器端建立删除功能路由。
- 接收客户端传递过来的 id 参数。
- 根据 id 删除用户。

步骤 06 用户管理控制器 user-controller.ts，代码如下：

```typescript
import express, {Application,Request, Response,Router,NextFunction } from "express";
// 导入用户集合构造函数
import { User, validateUser } from '../models/user';
import bcrypt from 'bcryptjs'; // 导入加密包
interface IParams{
    username?:string|undefined;
    email?:string|undefined;
}
const registerRoutes= (app:Application)=> {
    app.get('/admin/user', userPage);
    // 用户编辑页面路由
    app.get('/admin/user/edit-view', editView);
    // 用户修改功能路由
    app.post('/admin/user/edit', edit);
    // 用户新增功能路由
    app.post('/admin/user/add', add);
    app.get('/admin/user/remove', remove);
}
// 用户列表
const userPage= async (req: Request, res: Response) => {
    let { email, username } = req.query;
    // 标识当前访问的是用户管理页面
    req.app.locals.currentLink = 'user';
    // 接收客户端传递过来的当前页参数
```

```typescript
  let page = Number(req.query.page || 1);
  // 每一页显示的数据条数
  let pagesize = 10;
  let searchObj:IParams = {};
  if (username) {
    searchObj.username = username as string;
  }
  if (email) {
    searchObj.email = email as string;
  }
  // 查询用户数据的总数
  let count = await User.countDocuments(searchObj);
  // 总页数
  let total = Math.ceil(count / pagesize);
  // 页码对应的数据查询开始位置
  let start = (page - 1) * pagesize;
  // 将用户信息从数据库中查询出来——手动写分页
  let users = await User.find(searchObj).limit(pagesize).skip(start);
  res.render('admin/user', {
    users,
    page,
    total,
  });
}
// 添加
const add=async (req: Request, res: Response, next:NextFunction) => {
  try {
    await validateUser(req.body);
  } catch (e:any) {
    // 验证没有通过，重定向回用户添加页面
    return res.redirect(`/admin/user/edit-view?message=${e.message}`);
  }
  // 根据邮箱地址查询用户是否存在
  let user = await User.findOne({
    $or: [{ email: req.body.email }, { username: req.body.username }],
  });
  // 如果用户已经存在或邮箱地址已经被别人占用
  if (user) {
    // 重定向回用户添加页面
    return res.redirect(
      `/admin/user/edit-view?message=用户名或邮箱地址已经被占用`
    );
  }
  // 对密码进行加密处理——生成随机字符串
  const salt = await bcrypt.genSalt(10);
  // 加密
  const password = await bcrypt.hash(req.body.password, salt);
  // 替换密码
```

```typescript
    req.body.password = password;
    // 将用户信息添加到数据库中
    await User.create(req.body);
    // 将页面重定向到用户列表页面
    res.redirect('/admin/user');
}
// 编辑页面
const editView= async (req: Request, res: Response) => {
    // 标识当前访问的是用户管理页面
    req.app.locals.currentLink = 'user';
    // 获取到地址栏中的id参数
    const { id, message } = req.query;
    // 如果当前传递了id参数
    if (id) {
        // 修改操作
        let user = await User.findOne({ _id: id });
        // 渲染用户编辑页面
        res.render('admin/user/edit', {
            message: '修改用户',
            user: user,
            link: '/admin/user/edit?id=' + id,
            button: '修改',
            err: message,
        });
    } else {
        // 添加操作
        res.render('admin/user/edit', {
            message: '添加用户',
            link: '/admin/user/add',
            button: '添加',
            err: message,
        });
    }
}
// 编辑
const edit= async (req: Request, res: Response, next:NextFunction) => {
    // 接收客户端传递过来的请求参数
    const { username, email, role, state, password } = req.body;
    // 即将要修改的用户id
    const id = req.query.id;
    // 根据id查询用户信息
    let user = await User.findOne({ _id: id });
    // 密码比对
    const isValid =user? await bcrypt.compare(password, user.password):false;
    // 密码比对成功
    if (isValid) {
        // 将用户信息更新到数据库中
        await User.updateOne(
```

```typescript
      { _id: id },
      {
        username: username,
        email: email,
        role: role,
        state: state,
      }
    );
    // 将页面重定向到用户列表页面
    res.redirect('/admin/user');
  } else {
    // 密码比对失败
    return res.redirect(
      `/admin/user/edit-view?message=密码输入错误,不能进行用户信息的修改`
    );
  }
}
// 删除
const remove=async (req: Request, res: Response) => {
  // 根据id删除用户
  const result = await User.findOneAndDelete({ _id: req.query.id });
  if (result) {
    // 将页面重定向到用户列表页面
    res.redirect('/admin/user');
  } else {
    // 删除失败
  }
}
export default{
  registerRoutes,
  userPage,
  add,
  editView,
  edit,
  remove
}
```

8.2.4 网站首页

当我们在系统后台发布了文章之后,我们希望所有用户在访问网站首页时都能看到这些文章内容。首页展示界面如图 8-17 所示。

关于网站首页,读者可以参照笔者提供的源代码自行实现:

- 首页界面文件:views/home/index.art。
- 首页界面文章详情:views/home/article-detail.art。
- 网站首页控制器用的是 home-controller.ts。

注意，首页内容也很多，所以也需要对展示内容进行分页处理。

图 8-17

8.2.5 文章评论

进入文章的详情界面时，可以看到评论信息。如果要提交评论的话，需要先登录才可以评论。文章评论的开发步骤如下：

- 步骤 01 创建评论集合。
- 步骤 02 判断用户是否登录，已登录用户才能提交评论表单。
- 步骤 03 在服务器端创建文章评论功能对应的路由。
- 步骤 04 在路由请求处理函数中接收客户端传递过来的评论信息。
- 步骤 05 将评论信息存储在评论集合中。
- 步骤 06 将页面重定向到文章详情页面。
- 步骤 07 在文章详情页面路由中获取文章评论信息并展示在页面中。

评论界面如图 8-18 所示。

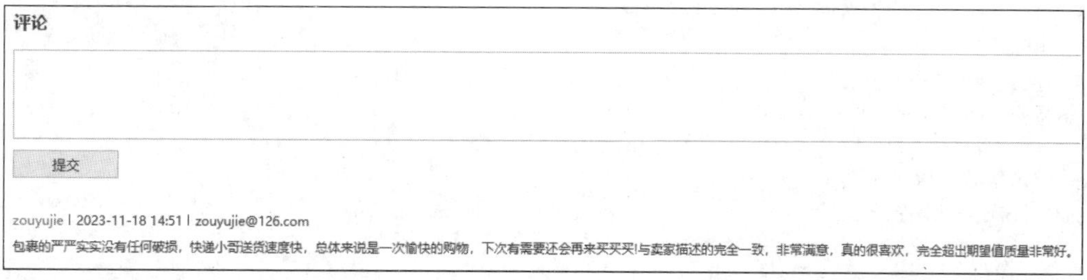

图 8-18

评论实体 models/comment.ts 的代码如下：

```ts
// 引入 mongoose 模块
import { Document, Schema, model } from 'mongoose';
interface IComment extends Document {
    aid:Schema.Types.ObjectId;
    uid:Schema.Types.ObjectId;
    time:Date;
    content:string;
}
// 创建评论集合规则
const commentSchema = new Schema<IComment>({
  // 文章 id
  aid: {
    type: Schema.Types.ObjectId,
    ref: 'Article',
  },
  // 评论人用户 id
  uid: {
    type: Schema.Types.ObjectId,
    ref: 'User',
  },
  // 评论时间
  time: {
    type: Date,
  },
  // 评论内容
  content: {
    type: String,
  },
});
// 创建评论集合
const Comment = model<IComment>('Comment', commentSchema);
// 将评论集合构造函数作为模块成员进行导出
export {
    Comment
}
```

评论的控制器和网站首页一样用的是 home-controller.ts，代码如下：

```ts
// 导入评论集合构造函数
import { Comment } from '../models/comment';
// 添加评论
const addComment = async (req: Request, res: Response) => {
  // 接收客户端传递过来的请求参数
  const { content, uid, aid } = req.body;
  // 将评论信息存储到评论集合中
  await Comment.create({
    content: content,
    uid: uid,
    aid: aid,
```

```
    time: new Date(),
  });
  // 将页面重定向到文章详情页面
  res.redirect('/article?id=' + aid);
}
```

8.2.6 访问权限控制

我们可以自定义一个全局的中间件，或者说是全局的过滤器，来进行一个权限控制。当路由变化时，检查当前的访问是否为登录状态，如果是未登录状态，则跳转到登录页面；如果是登录状态，则判断是普通用户还是管理员。如果是普通用户，则跳转到网站首页；如果是管理员，则请求放行，要访问哪个页面就跳转到哪个页面。

将过滤器抽离为单独的文件 filters/index.ts，代码如下：

```
import {Request, Response,NextFunction } from "express";
import { IUser } from '../models/user';
declare module 'express-session' {
  interface SessionData {
    userInfo: IUser;
  }
}
export const filter = (req:Request, res:Response, next:NextFunction) => {
  // 判断用户访问的是否为登录页面和用户当前的登录状态
  // 如果用户是登录状态，就将请求放行
  // 如果用户未登录，就将请求重定向到登录页面
  if (req.url != '/login' && !req.session.userInfo) {
    res.redirect('/login');
  } else {
    // 如果用户是登录状态，并且是一个普通用户
    if (req.session.userInfo&&req.session.userInfo.role == 'normal') {
      // 让它跳转到网站首页，阻止程序向下执行
      return res.redirect('/');
    }
    // 用户是登录状态，将请求放行
    next();
  }
};
```

在 app.ts 中，引入全局过滤器：

```
import {filter} from './filters/index';
// 全局过滤器
app.use('/admin',filter);
```

8.3 项目源代码和运行

本书提供项目的完整源代码（chapter8\cms-app），读者可以本书的配套资源中下载。

源代码运行步骤如下：

步骤 01 在 MongoDB 数据库中添加账号。

步骤 02 以系统管理员的方式运行 cmd 或者 powershell。

步骤 03 连接数据库 mongosh。

步骤 04 查看数据库 show dbs。

步骤 05 切换到 admin 数据库：use admin。

步骤 06 创建用户管理员账户。

```
db.createUser({user:"admin",pwd:"123456",roles:["userAdminAnyDatabase"]})
db.auth("admin","123456") #返回 1 表示登录成功
```

步骤 07 切换到 cms 数据库：use cms。

步骤 08 创建普通账户。

```
db.createUser({user:"admin",pwd:"123456",roles:["readWrite"]})
```

步骤 09 修改 MongoDB 配置文件 mongod.cfg，开启登录验证。

```
security:
  authorization: enabled
```

步骤 10 重启 MongoDB 服务：先执行 net stop mongodb 命令停止服务，再执行 net start mongodb 命令启动服务。

步骤 11 进入项目根目录 chapter8\cms-app，在控制台执行 yarn run dev 命令运行项目。

关于项目调试，可以先打开 JavaScript Debug Terminal 控制台终端，如图 8-19 所示。

图 8-19

然后执行 yarn run dev，就可以在 Visual Studio Code 中断点调试了。

当使用 Express+art-template 渲染页面时，如果渲染的数据是集合关联查询出来的数据，就会提示 Maximum call stack size exceeded。这是因为此时查询出来的数据包含很多其他的隐藏内容，导致数据相对于 art-template 来说太过于庞大，无法正常渲染，并提示栈溢出。

解决办法是先通过 JSON.stringify() 把查询出来的对象转换为字符串，然后通过 JSON.parse() 把字符串转换为对象，去除不必要的隐藏内容，从而正常渲染数据。

第 9 章 后台管理系统实战

本章将深入探讨如何构建一个前后端分离的后台管理系统。

首先,将介绍这个项目的背景和目的,同时探讨所采用的技术选型。然后,将详细讲解项目的搭建过程。其次,将重点讨论后端项目的搭建,包括搭建 Node Web 服务器项目、数据库初始化、启动 Web 服务器以及接口测试等内容。再次,将关注前端项目的搭建,涵盖基础目录结构构建、配置 pinia、准备路由环境、封装接口请求、搭建主界面、配置路由、构建系统后台首页、用户列表以及新增/编辑用户等内容。前端部分都是基于 Vue 来实现的,但是出于篇幅考虑,书中并没有对 Vue 的基础知识进行讲解,而是直接使用 Vue 来构建前端项目。最后,将介绍如何运行这个项目,确保项目顺利进行。

通过本章的学习,相信读者能够掌握构建后台管理系统的关键技能,为实际项目开发提供强有力的支持。

本章学习目标

- 熟悉 Ant Design Vue 的使用
- 掌握搭建 node 后端接口
- 掌握搭建 Vue 3 前端项目
- 掌握前后端分离的方式开发

9.1 项目介绍

本项目是一个前后端分离的教育管理系统后台,本章完成了后台首页统计、用户管理这两个模块,至于其他功能模块,读者可以参照书中的示例,自行扩展和进行二次开发。项目中的功能界面概览如下:

(1)项目首页如图 9-1 所示。

图 9-1

（2）用户列表如图 9-2 所示。

图 9-2

（3）新增用户如图 9-3 所示，编辑用户如图 9-4 所示。

图 9-3

图 9-4

技术选型说明：

- 前端：yarn、Ant Design Vue（简称 AntDV）、Vue 3、Pinia、TypeScript、SCSS、Vite、axios。
- 后端：Node.js、MongoDB。
- 开发工具：Visual Studio Code。
- UI 框架：Ant Design Vue。

Pinia 类似 Vuex，是 Vue 的另一种状态管理方案，允许跨组件/页面共享状态。实际上，Pinia 是 Vuex 的升级版。Pinia 支持 Vue 2 和 Vue 3。Pinia 中只有 state、getter、action，抛弃了 Vuex 中的 mutation。实际上，Vuex 中 mutation 一直不太受开发者的欢迎，Pinia 直接抛弃了它，这无疑减少了开发工作量。Pinia 中的 action 支持同步和异步，而 Vuex 不支持。

SCSS（Sassy CSS）是 Sass（Syntactically Awesome Stylesheets）的改良版本。Sass 的语法原本采用缩进，这对于习惯于编写 CSS 的开发者来说可能不够直观，并且无法直接将现有的 CSS 代码嵌入 Sass 中。为解决这个问题，Sass 3 更新为 SCSS，它保留了原始语法的兼容性，只是将缩进替换为了使用花括号。此外，SCSS 支持所有标准 CSS 的写法，使得迁移和使用更为方便。

Vite 是尤雨溪团队开发的，官方称 Vite 是下一代新型前端构建工具，能够显著提升前端开发体验。Vite 优势如下：

- 开发环境中无须打包操作，可快速冷启动。
- 轻量快速的热重载（HMR）。
- 真正的按需编译，不再等待整个应用编译完成。

目前基于 Vue 3 的 UI 框架比较常用的有 Element Plus 和 Ant Design Vue。

Element Plus 是饿了么团队出品的一套基于 Vue 3 的高质量 UI 组件库，它充分利用了 Vue 3 中的新特性，如 Composition API、更快的渲染性能等。Element Plus 为前端开发者提供了丰富的组件和功能，包括基本布局、表单元素、导航、数据表格、消息通知等，涵盖了开发中大部分场景的需求，以帮助快速构建出优雅、高效且响应式的 Web 应用界面。

Ant Design Vue 是蚂蚁金服（Ant Design）的 Vue 实现，提供了一套高质量的 Vue 组件，帮助开发者轻松实现精美且功能丰富的应用程序。

关于 Element Plus 和 Ant Design Vue 的火热程度，目前二者可以说是平分秋色。在本项目中使用的是 Ant Design Vue，主要是因为笔者之前编著《Vue3.x+TypeScript 实践指南》用的是 Element Plus。实际开发中，读者可以根据个人喜好进行选择，但在同一项目中应尽量避免同时使用多套 UI 框架。

9.2 项目搭建

曾经，我们在开发项目时常常没有采用前后端分离的方式。许多公司缺乏专门的前端工程师、测试工程师、运维工程师或数据库管理员，通常只有设计师和软件工程师。有时甚至连设计师都不齐全，软件工程师不得不兼顾全栈工程师的职责。在那种情况下，项目需求确定后，通常的做法是先进行数据库设计，然后进行接口设计，接着编写界面，之后进行接口联调，最后进行项目部署和运维工作。

随着前后端分离开发模式的流行和技术的不断进步，现代项目开发越来越多地采用敏捷开发方法，注重快速迭代和持续集成，前端工程师负责构建用户友好的界面，测试工程师负责保证项目质量，运维工程师负责系统稳定性，数据库管理员负责数据存储和管理。这种分工合作的模式使得项目开发更加高效和专业。

本项目采用的是前后端分离的方式，这里把接口服务作为后端项目，把界面相关的操作作为前端项目。

前端项目和后端项目扮演着不同的角色，并且拥有各自的特点和责任。

（1）前端项目：

- 用户界面：前端项目主要负责构建与用户直接交互的部分，包括网页、移动应用或者其他用户界面。
- 客户端逻辑：前端项目通常包含客户端逻辑，负责处理用户输入、展示数据以及与用户交互。
- 技术栈：常见的前端技术栈包括 HTML、CSS 和 JavaScript，以及相关的框架和库（如 React、Vue、Angular 等）。
- 在浏览器端执行：前端项目代码通常在用户的浏览器、移动设备或者其他客户端上执行。

（2）后端项目：

- 逻辑：后端项目主要负责处理业务逻辑，包括数据存储、处理和传输，以及整个应用程序的核心功能和业务规则。
- 数据库交互：后端项目通常涉及与数据库或其他数据存储系统的交互，以便对数据进行持久化和管理。
- 在服务器端执行：后端项目代码通常在服务器上执行，负责处理来自前端或其他来源的请求，并返回相应的数据或结果。
- 安全性和权限控制：后端项目通常负责处理安全性和权限控制，确保数据的安全性并实施访问权限。

接下来，将先开发后端项目，再开发前端项目。

9.3 后端项目搭建

利用前面所学的 Node.js、Express、MogonDB 等技术，我们来搭建 Web 后端项目。后端项目的主要职责是提供给前端项目调用的接口和对数据库进行相应的持久化操作。

本项目为了简化接口调用，并没有使用接口提供 token 授权，而在实际的应用当中，基于安全考虑，通常会给所有的接口调用增加权限校验。常见的做法是登录接口后返回 token，然后在除登录接口之外的所有接口的请求头上都加上 token 信息。

9.3.1 搭建 Node.js Web 服务器项目

1. 创建目录结构和安装依赖

（1）新建目录 manage-sys-api，用于存放 Web 服务器接口的代码。

（2）在 manage-sys-api 目录下，执行 yarn init -y 命令，执行完成之后，再依次安装如下依赖包：

```
yarn add express mongoose body-parser config moment mongoose-sex-page bcryptjs joi
yarn add @types/bcryptjs -D
yarn add @types/express -D
yarn add @types/config -D
yarn add typescript -D
```

（3）新建一级目录 src/controllers、src/models、config。controllers 目录用于存放接口文件，models 目录用于存放数据库实体对象文件，config 目录用于存放配置文件。

（4）新建开发环境配置文件 config/development.json，主要存储与数据库连接相关的信息，代码如下：

```
{
    "title": "玉杰文章管理系统",
    "db": {
      "user": "yujie",
      "host": "127.0.0.1",
      "port": "27017",
      "name": "manage_sys",
      "pwd": "123456"
    }
}
```

（5）新建数据库连接文件 models/conn.ts，用于连接数据库，只有先成功连接到指定数据库，才能对数据库进行相应操作，conn.ts 代码如下：

```
// 引入mongoose第三方模块
import mongoose from 'mongoose';
import config from 'config';
// 连接数据库
export function openConnectDb() {
  const url= `mongodb://${config.get('db.user')}:${config.get('db.pwd')}@${config.
```

```
get('db.host')}:${config.get('db.port')}/${config.get('db.name')}`;
  // 连接数据库
  mongoose
    .connect(
      url,
    )
    .then(() => console.log('数据库连接成功'))
    .catch((e) => console.log('数据库连接失败',e));
}
```

2. 创建实体对象

创建实体对象文件 models/home.ts 和 models/user.ts。home.ts 作为首页数据统计实体对象，user.ts 作为用户对象。home.ts 代码如下：

```
// 1.引入 mongoose 模块
import { Schema, model } from 'mongoose';
// 2.创建首页集合规则
const homeSchema = new Schema({
    // 登录用户数
    login_user: { type: String, required: true },
    // 新增注册数
    new_register: { type: String, required: true },
    // 课程新增学员
    new_stu_course: { type: String, required: true },
    // 班级新增学员
    new_stu_classes: { type: String, required: true },
    // 新增会员
    new_member: { type: String, required: true },
    // 未回复问答
    not_reply: { type: String, required: true },
    // 订单统计
    order_counter: { type: Object, require: true }
});
const Home = model('Home', homeSchema);
function initHomeData(){
    Home.create({
        login_user:1024,
        new_register:12,
        new_stu_course:27,
        new_stu_classes:64,
        new_member:31,
        not_reply:11,
        order_counter:20
    });
}
//initHomeData();// 执行初始化，执行后要注释此方法
// 3.将集合作为模块成员进行导出
export {
    Home
};
```

> **注　意**
>
> initHomeData 方法用于初始化一条测试数据，第一次运行之后，后面就要把这个方法及其调用注释掉，因为数据库中已经创建了一条记录。

user.ts 代码如下：

```typescript
// 创建用户集合
// 引入 mongoose 第三方模块
import { Document, Schema, model } from 'mongoose';
// 导入 bcryptjs
import bcrypt from 'bcryptjs';
// 引入 joi 模块
import Joi from 'joi';
// 创建用户集合规则
const userSchema = new Schema({
  username: {
    type: String,
    required: true,
    unique: true, // 用户名唯一
    minlength: 2,
    maxlength: 16,
  },
  email: {
    type: String,
    // 保证邮箱地址在插入数据库时不重复
    unique: true,
    required: true,
  },
  password: {
    type: String,
    required: true,
  },
  // admin: 超级管理员
  // normal: 普通用户
  role: {
    type: String,
    required: true,
  },
  // 0: 启用状态
  // 1: 禁用状态
  status: {
    type: Number,
    default: 0,
  },
  // 创建时间
  createTime: {
    type: Date,
    default: Date.now,
  },
```

```js
});
// 创建集合
const User = model('User', userSchema);
// 创建用户记录
async function createUser(parms:any) {
  const salt = await bcrypt.genSalt(10);
  const pass = await bcrypt.hash(parms.password, salt);
  const user = await User.create({
    username: parms.username,
    email: parms.email,
    password: pass,
    role: parms.role,
    status: parms.status,
  });
}
// 初始化30条用户数据
async function createUserTestData() {
  for (let i = 0; i < 30; i++) {
    await createUser({
      username: `zouyujie${i}`,
      email: `zouyujie${i}@126.com`,
      password: '123456',
      role: i % 2 == 0 ? 'admin' : 'user',
      status: 0,
    });
  }
}
// createUserTestData(); // 调用初始化数据方法
// 验证用户信息
const validateUser = (user:any) => {
  // 定义对象的验证规则
  const schema = Joi.object({
    username: Joi.string()
      .min(4)
      .max(12)
      .required()
      .error(new Error('用户名不符合验证规则')),
    email: Joi.string()
      .email()
      .required()
      .error(new Error('邮箱格式不符合要求')),
    password: Joi.string()
      .regex(/^[a-zA-Z0-9]{3,30}$/)
      .required()
      .error(new Error('密码格式不符合要求')),
    role: Joi.string()
      .valid('normal', 'admin')
      .required()
      .error(new Error('角色值非法')),
    status: Joi.number().valid(0, 1).required().error(new Error('状态值非法')),
```

```
    });
    // 实施验证
    return schema.validate(user);
  };
// 将用户集合作为模块成员进行导出
export {
    User,
    validateUser,
}
```

> **注　意**
>
> 在第一次运行项目时，为了构造测试数据，要调用一次 createUserTestData()方法，这样就可以创建 30 条测试用户数据。执行一次之后，MongoDB 数据库中就已经创建好了数据，此时，可以把这个方法注释掉。

Mongoose 在创建 model 时会自动添加"s"，而使用 Shell 命令不会自动添加。

MongoDB 数据库中对应的集合如图 9-5 所示。

3. 创建控制器接口

控制器的命名采用"实体名 + -controller"的方式，我们将它作为一种约定，这样有利于提高代码的可读性。在软件设计原则中有一条说的就是"约定大于配置"。

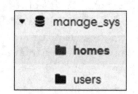

图 9-5

创建实体对象的接口方法，也可以称之为控制器。home-controller.ts 作为首页的控制器，代码如下：

```
import { Application, Request, Response } from "express";
import { Home } from '../models/home';
const registerRoutes = (app: Application) => {
    app.get('/home', getHomeData);
}
// 首页
const getHomeData = async (req: Request, res: Response) => {
    let homeData = await Home.findOne();
    let resData = { code: 200, data: {}, msg: '' };
    if (homeData) {
        resData.data = homeData;
    } else {
        resData.code = 400;
        resData.msg = '暂无数据';
    }
    res.send(resData);
}
export default {
    registerRoutes,
    getHomeData
}
```

首页只需要一个接口,就是获取首页所需的统计数据,即 getHomeData 方法。而 registerRoutes 方法用于将接口对象注册到路由中。在这里,接口的数据结构最好统一,这样前后端都方便封装,例如这里的数据结构是{code:200,data:{},msg:''},那么所有的接口返回数据时都应当遵循这样一种数据结构。

user-controller.ts 作为用户界面的控制器,代码如下:

```typescript
import {Application,Request, Response,NextFunction } from "express";
// 导入用户集合构造函数
import { User, validateUser } from '../models/user';
import bcrypt from 'bcryptjs'; // 导入加密包
// 导入 mongoose-sex-page 模块
const pagination = require('mongoose-sex-page');
  // 用户列表
  const list=async (req: Request, res: Response) => {
    let { email, username } = req.body;
    let pagerData = req.body.pagination;
    // 接收客户端传递过来的当前页参数
    let page = pagerData ? pagerData.current : 1;
    let size = pagerData ? pagerData.pageSize : 10; // 每一页显示的数据条数
    let searchObj:any = {};
    if (username) {
      searchObj.username = username;
    }
    if (email) {
      searchObj.email = email;
    }
    // 将用户信息从数据库中查询出来
    let users = await pagination(User)
      .find(searchObj)
      .sort({ createTime: -1 }) // 默认按照创建时间降序排列
      .page(page) // page 指定当前页
      .size(size) // size 指定每页显示的数据条数
      .display(7) // display 指定客户端要显示的页码数量
      .exec(); // exec 向数据库中发送查询请求
    let resData = { code: 200, data: users, msg: '' };
    return res.send(resData);
  }
  // 添加
  const add=async (req: Request, res: Response, next:NextFunction) => {
    let resData = { code: 200, data: {}, msg: '' };
    try {
      await validateUser(req.body);
    } catch (e) {
      // 验证没有通过
      resData.code = 500;
      resData.msg = '数据格式有误';
      return res.send(resData);
    }
    // 根据邮箱地址查询用户是否存在
```

```typescript
  let user = await User.findOne({
    $or: [{ email: req.body.email }, { username: req.body.username }],
  });
  // 如果用户已经存在或邮箱地址已经被别人占用
  if (user) {
    resData.code = 500;
    resData.msg = '用户已存在';
    return res.send(resData);
  }
  // 对密码进行加密处理——生成随机字符串
  const salt = await bcrypt.genSalt(10);
  // 加密
  const password = await bcrypt.hash(req.body.password, salt);
  // 替换密码
  req.body.password = password;
  // 将用户信息添加到数据库中
  await User.create(req.body);
  return res.send(resData);
}
// 详情
const detail= async (req: Request, res: Response) => {
  // 获取地址栏中的id参数
  const { id, message } = req.query;
  let resData:any = { code: 200, data: {}, msg: '' };
  try {
    await validateUser(req.body);
  } catch (e) {
    // 验证没有通过
    resData.code = 500;
    resData.msg = '数据格式有误';
    return res.send(resData);
  }
  // 如果当前传递了id参数
  if (id) {
    // 修改操作
    let user:any = await User.findOne({ _id: id });
    resData.data = user;
  }
  return res.send(resData);
}
// 编辑
const edit= async (req: Request, res: Response, next:NextFunction) => {
  // 接收客户端传递过来的请求参数
  const { username, email, role, status, password, id } = req.body;
  let resData = { code: 200, data: {}, msg: '' };
  // 根据id查询用户信息
  let user:any = await User.findOne({ _id: id });
  // 密码比对
  const isValid = await bcrypt.compare(password, user.password);
  // 密码比对成功
```

```js
    if (isValid) {
      // 将用户信息更新到数据库中
      await User.updateOne(
        { _id: id },
        {
          username: username,
          email: email,
          role: role,
          status: status,
        }
      );
    } else {
      resData.msg = '密码比对失败';
      resData.code = 500;
    }
    return res.send(resData);
}
// 删除
const remove= async (req: Request, res: Response) => {
  let resData = { code: 200, data: {}, msg: '' };
  // 根据id删除用户
  const result = await User.findOneAndDelete({ _id: req.query.id });
  if (result) {
    resData.msg = '删除成功';
  } else {
    // 删除失败
    resData.msg = '删除失败';
    resData.code = 500;
  }
  return res.send(resData);
}
const registerRoutes=(app:Application)=> {
  // 用户列表
  app.post('/user/list', list);
  // 用户详情
  app.get('/user/detail', detail);
  // 用户修改
  app.post('/user/edit', edit);
  // 用户新增
  app.post('/user/add', add);
  // 用户删除
  app.get('/user/delete', remove);
}
export default {
  registerRoutes,
  remove,
  edit,
  detail,
  add,
  list
```

}
```

user-controller.ts 中的接口方法比较多，包括了增、删、改、查。它和 home-controller.ts 一样也存在 registerRoutes 方法，用于将接口方法注册到路由。

> **注　　意**
>
> 分页查询接口的请求参数，是根据 antd 的 table 分页参数来指定的。

table 组件当中用到了分页器 Pagination，Pagination 文档的地址是 https://ant-design.gitee.io/components/pagination-cn/。

Pagination 的几个比较重要的参数如下：

- current：当前页数。
- pageSize：每页条数。
- total：数据总数。

### 4. 创建路由

我们需要将控制器中的接口方法注册到对应的路由中去，这样才能让别人通过 URL 地址调用。创建 routes.ts，代码如下：

```ts
import { Application } from "express";
import homeController from './controllers/home-controller';
import userController from './controllers/user-controller';
export default function(app:Application){
    homeController.registerRoutes(app);
    userController.registerRoutes(app);
}
```

5. 启动应用，注册路由

app.ts 是项目的入口文件，即启动文件，可以在 package.json 中配置启动脚本来指定启动文件。在 package.json 中添加如下代码：

```json
"scripts": {
    "dev": "nodemon --exec ts-node src/app.ts"
},
```

app.ts 代码如下：

```ts
import express,{Application} from 'express';
import path from 'path';
// 引入 body-parser 模块，用来处理 POST 请求参数
import bodyParser from 'body-parser';
// 数据库连接
import {openConnectDb} from './models/conn';
openConnectDb();
const app:Application = express();
// 解析 application/json
app.use(bodyParser.json());
// 处理 POST 请求参数
```
```

```
app.use(bodyParser.urlencoded({ extended: false }));
// 添加路由
import routes from './routes';
routes(app);
app.listen(80,()=>{
    console.log('网站服务器启动成功,监听端口 80,请访问 http://localhost');
});
```

> **注　意**
>
> 由于前后端进行了分离,POST 请求通常传递的是 JSON 数据格式的参数,因此这里要配置 bodyParser.json()方法来解析 JSON 格式的数据。

最终,后端项目的代码目录结构如图 9-6 所示。

9.3.2　数据库初始化

当后端项目搭建好之后,需要创建数据库及数据库的账号权限。

（1）创建数据库 manage_sys。

打开控制台,先输入 mongosh,再输入 use manage_sys,切换数据库。

（2）创建登录账户和密码:

```
db.createUser({user:"yujie",pwd:"123456",roles:[{role:"dbAdmin",db:"manage_sys"}]})
```

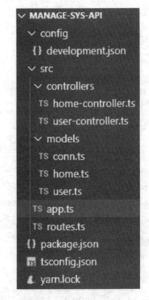

图 9-6

这里创建的账号、密码以及数据库名称必须和 development.json 中的配置保持一致,否则 conn.ts 连接数据库时,将连接失败。

创建登录账号和密码之后,我们可以打开 Compass,然后用这个账号和密码去登录,以验证是否可以正常连接到 MongoDB 数据库。

> **注　意**
>
> 我们也可以直接通过数据库可视化工具 Compass 来创建数据库及账号。

9.3.3　启动 Web 服务器

在项目根目录的控制台终端执行命令 nodemon --exec ts-node src/app.ts,即可启动 Web 服务器。

为了方便,我们可以先在 package.json 中配置启动脚本,代码如下:

```
"scripts": {
  "dev": "nodemon --exec ts-node src/app.ts"
}
```

然后在控制台终端运行 yarn dev,即可启动 Web 服务器项目。

9.3.4 接口测试

我们开发完接口之后，通常要先进行自测，以确保提供给别人调用的接口是正确的，而 Postman 就是一个非常好用的接口测试工具。Postman 的下载地址为 https://www.postman.com/downloads/。

因为在 app.ts 中配置的是本地 80 端口，所以后端服务的 IP 地址和端口是 127.0.0.1:80。在 Postman 中输入地址 http://127.0.0.1:80/home，然后单击"Send"按钮，如果能够看到如图 9-7 所示的内容，说明接口已经可以正常调用了。

图 9-7

9.4 前端项目搭建

后端项目已经搭建好了，现在开始搭建前端项目。

9.4.1 基础目录结构构建

新建目录 manage-sys-web，作为前端项目根目录。

由于前面已经安装了 yarn，因此这里可以直接使用 yarn 来安装包。虽然也可以使用 npm 来装包，但不建议这样做。下面开始构建基础目录结构。

（1）全局安装 Node.js，前面章节已经安装，这里不再赘述。当前安装的 Node.js 版本是 18.17.1。

（2）执行 npm i yarn –g 命令全局安装 yarn。当前安装的 yarn 版本是 1.22.10。

建议切换为国内镜像，例如使用淘宝源：https://registry.npm.taobao.org。配置 yarn 淘宝镜像：

```
yarn config set registry https://registry.npm.taobao.org
```

(3) 创建 vite 项目：

```
yarn create vite manage-sys-web --template vue-ts
```

(4) 创建项目成功之后，依次执行如下命令安装项目依赖：

```
cd manage-sys-web
yarn
```

最终，生成的代码目录结构如图 9-8 所示。

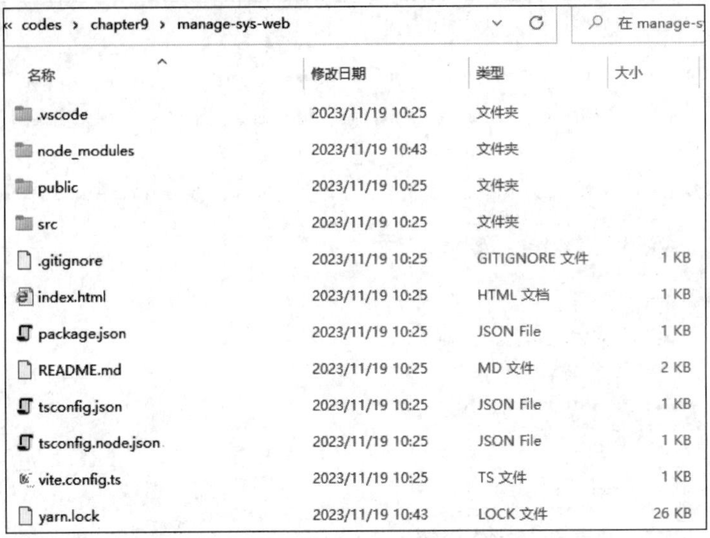

图 9-8

项目文件目录说明：

- .vscode：Visual Studio Code 的自定义配置目录。
- node_modules：依赖包存放目录。
- public：用于存放静态资源。
- src：我们编写的项目源代码，也是需要编译的代码。src 目录中会默认生成如图 9-9 所示的文件列表。
- .gitignore：Git 的忽略配置文件，用于配置一些不需要提交到 Git 服务器的文件和目录。
- package.json：项目所有包依赖管理文件。
- README.md：项目说明文件。
- tsconfig.json：这是 TypeScript 编译器的配置文件，用于指定编译 TypeScript 代码时的编译选项和编译目标等信息。通过修改该文件，可以定制 TypeScript 编译器的行为，例如指定编译目标、启用或禁用特定的语言特性、设置代码检查规则等。
- tsconfig.Node.json：Node.js 环境的配置文件。
- yarn.lock：此文件会锁定我们安装的每个依赖项的版本，这可以确保不会意外获得不良依赖。

图 9-9

(5) 增加 .nvmrc。在项目的根目录，新建 .nvmrc 文件，在文件中输入初始化时 Node.js 的版本号 v18.17.1，用来避免每次切换项目时都手动切换 Node.js 版本。

(6) 修改 tsconfig.json。当前这个脚手架创建的项目有些问题，需要修改 tsconfig.json 默认配置，找到对应的配置项，并修改为如下代码：

```
"moduleResolution": "Node",
// "allowImportingTsExtensions": false,
```

同样地，在 tsconfig.Node.json 配置文件中也要将 moduleResolution 选项配置为 "Node"。

(7) 删除无用文件。在这里，我们只保留 main.ts 和 App.vue 文件，其他的全部删除。

(8) 修改 main.ts 和 App.vue，删除无效的文件引用。

修改后 main.ts 代码如下：

```
import { createApp } from 'vue'
import App from './App.vue'
createApp(App).mount('#app')
```

修改后的 App.vue 代码如下：

```
<script setup lang="ts">
</script>
<template>
  <div>
    轻轻地，我来了
  </div>
</template>
<style scoped>
</style>
```

(9) 安装 Visual Studio Code 插件。在 .vscode/extensions.json 中，我们可以看到如下所示的插件配置：

```
{
  "recommendations": ["Vue.volar", "Vue.vscode-typescript-vue-plugin"]
}
```

在 Visual Studio Code 中依次安装 Vue.volar 和 Vue.vscode-typescript-vue-plugin 插件。

(10) 安装 @types/node。@types/node 模块在我们使用 node 方法（比如 path.resolve）时提供 TypeScript 类型声明，否则编辑器会报错，虽然不影响代码运行，但是会有红线。安装命令如下：

```
yarn add @types/node -D
```

(11) 在 vite-env.d.ts 中加入以下声明：

```
// <reference types="vite/client" />
declare module '*.vue' {
    import type { DefineComponent } from 'vue'
    const component: DefineComponent<{}, {}, any>
    export default component
}
```

在 Vite+Vue 3 的项目中，这几句类型声明很重要，如果没有这几句声明，编辑器会提示 TypeScript 错误——提示"无法找到*.vue 声明文件"。

（12）安装 Sass：

```
yarn add -D sass
```

如果不安装 Sass，直接在项目中使用 SCSS，会出现如下错误：

```
Internal server error: Preprocessor dependency "sass" not found. Did you install it? Try `yarn add -D sass`.
```

（13）安装 qs 库：

```
yarn add qs
yarn add @types/qs -D
```

（14）运行项目：

```
yarn dev
```

图 9-10

运行结果如图 9-10 所示。

此时，项目已经运行起来了。接下来，继续完善项目目录结构：

- 在项目中，必然会调用到一些后端的接口，可以将与 API 请求相关的内容都存放在 src/api 目录下，然后在该目录下创建一个 index.ts 作为入口文件（在较为复杂的项目当中，我们可能会将 index.ts 根据模块拆分为多个独立的 TS 文件，例如 user-service.ts、role-service.ts 等）。
- 考虑到项目会采用组件化开发的方式，可以创建 src/components 目录来存放项目的公共组件。
- 我们的项目会采用模块化开发，项目当中会用到一些公共的处理方法，因此创建一个 src/common 目录来存放这些公共的类库。
- 至于页面相关的文件，我们可以创建一个目录 src/views 来存储。
- 项目当中界面的跳转肯定会用到路由，因此可以单独创建一个目录 src/router 来存储与路由相关的操作。
- 项目中各个组件之间的通信将用到 Pinia，所以新建目录 src/store，来存储用于组件之间通信的公共数据。

最终，项目基础目录结构如图 9-11 所示。

项目结构并不是一成不变的，在实际的项目开发过程中，项目结构会不断地重构，但是项目的基础框架基本上是不变的，而在项目开发的初始阶段，我们能定义出来的就是这些基础目录结构。项目框架的搭建过程就是一个由粗到细不断完善和优化的过程。

图 9-11

可能遇到的问题及解决方案

问题：文件名、目录名或卷标语法不正确（error Command failed.）。

原因分析：yarn 的命令路径与其全局安装路径不在一个硬盘分区。

解决方案：

（1）查看 yarn 命令路径（将 yarn 命令目录配置到系统变量 Path 上）。

执行 yarn global bin，结果如下：

```
D:\WorkSpace\node_mongodb_vue3_book\codes\chapter9>yarn global bin
D:\nodejs\node_modules\npm\node_modules\bin
```

（2）查看 yarn 的全局安装路径。

执行 yarn global dir，结果如下：

```
D:\WorkSpace\node_mongodb_vue3_book\codes\chapter9>yarn global dir
C:\Users\DELL\AppData\Local\Yarn\Data\global
```

（3）修改 yarn 的全局安装路径。

依次执行如下命令：

```
yarn config set global-folder "D:\nodejs\node_modules\npm\node_modules\bin\yarn_global"
yarn config set cache-folder "D:\nodejs\node_modules\npm\node_modules\bin\yarn_cache"
```

9.4.2 配置 Pinia

（1）在项目根目录下执行如下命令安装 Pinia：

```
yarn add pinia
```

（2）在 store 目录下新建 index.ts，作为总控入口文件。在 index.ts 中，创建一个 Pinia 实例（根 store）并将它传递给应用：

```
import { createPinia } from 'pinia';
// 创建
const pinia = createPinia();
// 导出
export default pinia;
```

如果想要在 Pinia 中使用数据持久化的功能，可以再安装一个插件 pinia-plugin-persistedstate。文档地址是 https://prazdevs.github.io/pinia-plugin-persistedstate/zh/。

先执行 yarn add pinia-plugin-persistedstate 进行安装，然后修改 store/index.ts 代码：

```
// 固化插件
import piniaPluginPersistedstate from 'pinia-plugin-persistedstate'
const pinia = createPinia();// 创建
pinia.use(piniaPluginPersistedstate); // 固化
```

（3）在 main.ts 中引入 Pinia，代码如下：

```
import pinia from './store/index';
const app =createApp(App);
app.use(pinia);
app.mount('#app');
```

（4）新建 store/home.ts，用于对数据进行处理以及返回新数据，代码如下：

```
import { defineStore } from 'pinia'
export const useHomeStore = defineStore(
  'home',
  () => {
    const collapsed = ref(false);// 是否折叠
    const homeData=ref();// 首页数据
    // 控制面板的折叠展开
    const toggleCollapsed=()=>{
        collapsed.value=!collapsed.value;
    }
    // 保持首页数据
    const saveHomeData=(data:any)=>{
        homeData.value=data;
    }
    return { collapsed,toggleCollapsed,saveHomeData }
  },
  {
    persist: true, // 是否开启持久化，默认存储到 localStorage
  },
)
```

此时会提示 Cannot find name 'ref'。

每当我们频繁使用 Vue 中的一些对象的时候，都需要显示引入，这点还挺麻烦的。我们可以通过使用 Vite 插件 unplugin-auto-import 来实现自动引入。

先执行 yarn add unplugin-auto-import -D 安装插件，然后修改 vite.config.ts，添加自动导入，并引入路径配置，代码如下：

```
import AutoImport from 'unplugin-auto-import/vite'
import { resolve } from 'path';
const alias: Record<string, string> = {
  "@": resolve(__dirname, "src"),
};
// https://vitejs.dev/config/
export default defineConfig({
  plugins: [vue(),AutoImport({
    imports: [
      // 需要自动导入的插件，自定义导入的 API
      'vue',
      'vue-router',
      'pinia'
    ],
    dts: 'src/types/auto-import.d.ts', // 指明 .d.ts 文件的位置和文件名
  })],
  resolve: { alias },
})
```

修改配置文件后，重新运行项目，会自动在 src/types 目录下生成 auto-import.d.ts 文件。

因为项目是使用 TypeScript 进行开发的，所以在引入了路径配置之后，还需要在 tsconfig.json

文件中配置 paths，否则在 Visual Studio Code 中引入路径会标红。修改 tsconfig.json，添加如下配置：

```
"baseUrl": ".",
"paths": {
    "@/*": ["src/*"]
},
"esModuleInterop": true
```

配置"esModuleInterop": true 是为了解决"This module is declared with 'export =', and can only be used with a default import when using the 'esModuleInterop' flag."的问题。

9.4.3 准备路由环境

路由使用 vue-router。vue-router 官网地址是 https://router.vuejs.org/zh/introduction.html。

（1）安装路由：

```
yarn add vue-router@4
```

（2）添加路由配置文件 store/index.ts，代码如下：

```
import { createRouter, createWebHistory, createWebHashHistory,RouteRecordRaw } from 'vue-router';
// 1. 定义路由组件，也可以从其他文件导入
// 2. 定义一些路由，每个路由都需要映射到一个组件
const routes:Readonly<RouteRecordRaw[]> = []
// 3. 创建路由实例并传递 `routes` 配置
// 可以在这里输入更多的配置，但我们在这里暂时保持简单
const router = createRouter({
   // 内部提供了 history 模式的实现
   history: createWebHistory(),
   routes, // `routes: routes` 的缩写
})
export default router;
```

（3）在 main.ts 中引入路由，代码如下：

```
import router from './router/index';
const app =createApp(App);
app.use(router);
```

9.4.4 封装接口请求

接口调用使用的是 axios，axios 官网地址是 https://axios-http.com/。

（1）安装 axios：

```
yarn add axios
```

（2）新建 api/axios.ts 文件，用于 axios 的全局配置：

```
import axios from 'axios';
import { message } from 'ant-design-vue';
```

```
axios.defaults.headers.post['Content-Type'] = 'application/json;charset=UTF-8';
axios.defaults.withCredentials = true;
axios.defaults.baseURL = '/api';
axios.defaults.timeout = 5000;
// 请求拦截器
axios.interceptors.request.use(
  (config) => {
    // 登录验证
    // config.headers.token = localStorage.getItem('$token_info');
    return config;
  },
  (error) => {
    return Promise.reject(error);
  }
);
// 响应拦截器
axios.interceptors.response.use(
  (response) => {
    if (
      response &&
      response.data &&
      (response.data.code === 401 || response.data.code === 403)
    ) {
      // token 过期
      message.error('无权限访问');
    }
    if (response && response.data && response.data.code !== 200) {
      message.error(response.data.msg);
      return Promise.reject(response.data);
    }
    return response.data;
  },
  (error) => {
    if (error && error.response && error.response.status) {
      message.error(error.response.msg);
      return Promise.reject(error);
    }
  }
);
export default axios;
```

（3）axios/request.ts 用于二次封装 axios 请求，这里用到了 qs。

依次执行如下命令安装 qs：

```
yarn add qs
yarn add @types/qs-D
```

request.ts 代码如下：

```
import axios from './axios';
import qs from 'qs';
```

```
export default {
  // GET 请求
  get(url:string, param?:any) {
    return new Promise((resolve, reject) => {
      axios({
        method: 'get',
        url,
        params: param,
      })
        .then((res:any = {}) => {
          if (res.code !== 200) reject(res);
          resolve(res);
        })
        .catch((_) => reject(_));
    });
  },
  // POST 请求-json
  post(url:string, param:any) {
    return new Promise((resolve, reject) => {
      axios({
        method: 'post',
        url,
        data: param,
      })
        .then((res:any = {}) => {
          if (res.code !== 200) reject(res);
          resolve(res);
        })
        .catch((_) => reject(_));
    });
  },
  // URL 表单请求
  postForm(url:string, param:any) {
    return new Promise((resolve, reject) => {
      axios({
        method: 'post',
        url,
        headers: {
          'Content-Type': 'application/x-www-form-urlencoded',
        },
        data: qs.stringify(param),
      })
        .then((res:any = {}) => {
          if (res.code !== 200) reject(res);
          resolve(res);
        })
        .catch((_) => reject(_));
    });
  },
  // POST 表单数据
```

```
postFormData(url:string, param:any) {
  const formtData = new FormData();
  for (const k in param) {
    formtData.append(k, param[k]);
  }
  return axios({
    url: url,
    method: 'post',
    headers: {
      'Content-Type': 'multipart/form-data',
    },
    data: formtData,
  });
},
};
```

qs.stringify 方法的作用是将对象序列化为 URL 查询字符串的形式。它会将对象转换为 key=value 的形式，并使用&符号连接各个参数，同时进行 URI 编码以确保符合 URL 的格式要求。

9.4.5 搭建主界面

搭建界面 UI 使用 AntDV，这里用到 layout，可以参考 https://www.antdv.com/components/layout-cn。

（1）安装 AntDV：

```
yarn add ant-design-vue@4.x
```

（2）在 main.ts 中添加如下代码引入样式：

```
import 'ant-design-vue/dist/reset.css';
```

（3）配置自动按需引入组件。

ant-design-vue 4.x 默认支持基于 ES modules 的 tree shaking，直接引入 import { Button } from 'ant-design-vue'; 就会有按需加载的效果，不需要额外配置。在本项目中，使用的就是最新版本的 ant-design-vue 4.x。

如果使用的是 ant-design-vue 3.x 及以下的版本，要使用按需加载，就需要安装 unplugin-vue-components 插件。插件安装命令为 yarn add unplugin-vue-components –D。

修改 vite.config.js 进行插件配置，代码如下：

```
import Components from 'unplugin-vue-components/vite';
import { AntDesignVueResolver } from 'unplugin-vue-components/resolvers';
export default defineConfig({
  plugins: [
    // 自动按需引入组件
    Components({
      resolvers: [
        AntDesignVueResolver({
          importStyle: false, // css in js
        }),
      ],
```

```
        }),
    ],
})
```

这样就可以在代码中直接引入 ant-design-vue 的组件了。

我们的系统后台主界面采用"顶部-侧边布局-通栏"的方式，效果如图 9-12 所示。

图 9-12

（4）新建 assets 目录，用于存放和资源相关的文件；在 assets 目录下新建 images、scss 目录，分别用于存放图片和 SCSS 样式。

（5）新建 components/header/jie-header.vue 作为顶部组件，代码如下：

```
<template>
    <a-layout-header class="header">
    <span
      class="icon-btn"
      @click="toggleCollapsed"
      :title="collapsed?'展开':'折叠'"
    >
    <menu-unfold-outlined
      v-if="collapsed"
      class="trigger"
    />
    <menu-fold-outlined v-else class="trigger" />
    </span>
    <div class="logo">
      <img src="../../../assets/images/banner.jpg" />
    </div>
    <a-menu theme="dark" mode="horizontal" v-model:selectedKeys="selectedKeys">
      <a-menu-item key="1">帮助中心</a-menu-item>
      <a-menu-item key="2">博客首页</a-menu-item>
      <a-menu-item key="3">个人中心</a-menu-item>
    </a-menu>
    </a-layout-header>
```

```
</template>
<script setup lang="ts" name="JieHeader">
import { MenuUnfoldOutlined,MenuFoldOutlined } from '@ant-design/icons-vue';
import {useHomeStore} from '@/store/home';
const store=useHomeStore();
const {toggleCollapsed} =store;
const {collapsed} =storeToRefs(store);
// 设置默认选中菜单项
const selectedKeys = ref<string[]>(['3']);
</script>
<style lang="scss" scoped>
.ant-layout-header{
  display: flex;
  padding-left: 0px;
}
.logo {
  display: flex;
  align-items: center;
  background: rgba(255, 255, 255, 0.2);
  >img{
    height: 100%;
  }
}
.icon-btn{
  display: flex;
  justify-content: center;
   width: 50px;
   color:white;
   align-items: center;
   .anticon{
     font-size: 24px;
     &:hover{
       color:lightblue;
     }
   }
  }
}
</style>
```

在 Vue 3 中，setup 语法糖模式默认不支持给组件命名，需要安装插件 vite-plugin-vue-setup-extend 才支持，安装命令为 yarn add vite-plugin-vue-setup-extend -D。

然后在 vite.config.ts 中添加如下配置：

```
// setup 语法糖组件支持 name
import vueSetupExtend from 'vite-plugin-vue-setup-extend';
export default defineConfig({
  plugins: [vue(),
...
vueSetupExtend(),
...
```

此时可以直接在 script 标签中添加 name 属性对组件进行命名了，例如：

```
<script setup lang="ts" name="JieHeader">
```

（6）左侧菜单导航组件。

新建 components/sider/jie-sider.vue，代码如下：

```
<template>
    <a-layout-sider v-model:collapsed="collapsed" :trigger="null" collapsible width="200" style="background: #fff">
    <a-menu
      v-model:openKeys="state.openKeys"
      v-model:selectedKeys="state.selectedKeys"
      mode="inline"
      :items="items"
      @click="onClickItem"
    ></a-menu>
  </a-layout-sider>
</template>
<script setup lang="ts" name="JieSider">
import {
  DesktopOutlined,
  UserOutlined,
  LaptopOutlined,
  ToolOutlined,
} from "@ant-design/icons-vue";
import { useRouter,useRoute } from "vue-router";
import {useHomeStore} from '@/store/home';
interface ISider{
  selectedKeys:string[];
  openKeys:string[]
}
const store=useHomeStore();
// 为了在从 store 中提取属性时保持其响应性，需要使用 storeToRefs()，它将为每一个响应式属性创建引用。
// 当只使用 store 的状态而不调用任何 action 时，它会非常有用
const {collapsed} =storeToRefs(store);// 菜单是否收起状态
const router = useRouter();// 用于返回当前路由实例，常用于实现路由跳转
const route=useRoute(); // 用于返回当前路由信息对象，用于接收路由参数
const state = reactive<ISider>({
  selectedKeys: [],// 当前选中的菜单项 key 数组
  openKeys: ["sys"],// 当前展开的 SubMenu 菜单项 key 数组
});
// 页面刷新时，自动高亮左侧菜单并展开当前页所在菜单
onBeforeMount(()=>{
  state.selectedKeys=[route.name as string];
  const curOpenKey= route.matched.length>1?route.matched[1].name as string:'';
  if(curOpenKey&&!state.openKeys.includes(curOpenKey)){
    state.openKeys.push(curOpenKey);
  }
})
// 这里目前是静态的，实际工作中通常是由从后端接口返回的权限菜单动态构造的
const items = reactive([
```

```js
{
  key: "home",
  icon: () => h(DesktopOutlined),
  label: "仪表盘",
  title: "仪表盘",
},
{
  key: "user",
  icon: () => h(UserOutlined),
  label: "用户管理",
  title: "用户管理",
  children: [
    {
      key: "user-list",
      label: "用户列表",
      title: "用户列表",
    },
  ],
},
{
  key: "courser",
  icon: () => h(LaptopOutlined),
  label: "课程管理",
  title: "课程管理",
  children: [
    {
      key: "courser-list",
      label: "课程列表",
      title: "课程列表",
    },
    {
      key: "courser-category",
      label: "课程分类",
      title: "课程分类",
    },
  ],
},
{
  key: "sys",
  icon: () => h(ToolOutlined),
  label: "系统配置",
  title: "系统配置",
  children: [
    {
      key: "base-info",
      label: "基础信息",
      title: "基础信息",
    },
    {
      key: "logout",
```

```
        label: "退出登录",
        title: "退出登录",
      },
    ],
  },
]);
// 单击菜单
const onClickItem=(item:any)=>{
router.push({name:item.key});
}
</script>
```

左侧导航用到了 a-menu 菜单组件，需要注意的是，a-menu 组件里面的数据中的 key 值要和路由 routes.ts 中的 name 属性值保持一致，label 和 title 属性值和路由对象中的 title 属性值保持一致。其实这里的 items 数据可以直接从 routes.ts 中引入 dynamicRoutes 对象，并将它转换为 a-menu 组件所需要的数据结构。此时，建议在 routes.ts 中的 meta 对象中添加一个字段，例如 hide:false，来控制是否需要将指定的路由展示在左侧菜单，因为并不是所有的路由对象都需要在菜单中展示的。同时，meta 对象中还需添加菜单的按钮图标等属性。

（7）面包屑组件。

新建 components/nav/jie-breadcrumb.vue，代码如下：

```
<template>
  <a-breadcrumb style="margin: 16px 0">
    <a-breadcrumb-item v-for="(item,index) in breadcrumbData">
      <span class="no-link" v-if="index==breadcrumbData.length-1">{{ item.meta.title }}</span>
      <router-link v-else :to="item.path">{{item.meta.title}}</router-link>
    </a-breadcrumb-item>
  </a-breadcrumb>
</template>
<script setup lang="ts" name="JieBreadcrumb">
import {useRoute} from 'vue-router';
const breadcrumbData=computed(()=>{
  return useRoute().matched.filter((f:any)=>f.meta&&f.meta.title);
})
</script>
```

面包屑组件用于获取当前页面路由信息，并根据当前页面的路由层级展示路由的 title 属性值，例如用户管理/用户列表。同时，这里还加了一个判断，如果面包屑中的项不是最后一级，那么还可以单击跳转到对应路由。

（8）在 components/layout/index.vue 中引入顶部和左侧菜单布局组件，添加如下代码：

```
<template>
<a-layout>
   <jie-header></jie-header>
   <a-layout>
      <jie-sider></jie-sider>
```

```html
    <a-layout style="padding: 0 24px 10px">
      <jie-breadcrumb></jie-breadcrumb>
      <a-layout-content>
        <!-- 路由匹配到的组件将渲染在这里 -->
        <router-view></router-view>
      </a-layout-content>
    </a-layout>
  </a-layout>
</a-layout>
</template>
<script lang="ts" setup>
import JieHeader from "./header/jie-header.vue";
import JieBreadcrumb from "./nav/jie-breadcrumb.vue";
import JieSider from "./sider/jie-sider.vue";
</script>
<style lang="scss" scoped>
.ant-layout-content {
  height: calc(100vh - 128px);
  background: #fff;
  padding: 24px;
  margin: 0;
}
</style>
```

router-view 可以理解为一个路由界面的占位符,当路由地址变化时,匹配到的路由组件会将 router-view 的内容替换。

至此,后台主界面就已经搭建好了。

9.4.6 配置路由

(1)在 router/routes.ts 中定义路由配置,将 Vue 视图文件和路由地址进行关联,代码如下:

```ts
import { RouteRecordRaw } from 'vue-router';
// 定义动态路由,每个路由都需要映射到一个组件
export const dynamicRoutes: Array<RouteRecordRaw> = [{
  path: '/',
  name: '/',
  component: () => import('@/components/layout/index.vue'),
  redirect:'/home',
  children:[
    {
      path: '/home',
      name: 'home',
      component: () => import('@/views/home/home.vue'),
      meta: {
        title: '仪表盘',
      }
    },
    {
      path: '/user',
```

```
      name: 'user',
      component: () => import('@/components/layout/sub-parent.vue'),
      meta: {
       title: '用户管理',
      },
      redirect:'/user/user-list',
      children:[
        {
          path: '/user/user-list',
          name: 'user-list',
          component: () => import('@/views/user/user-list.vue'),
          meta: {
           title: '用户列表',
          },
        }
      ]
    },
    {
      path: '/courser',
      name: 'courser',
      component: () => import('@/components/layout/sub-parent.vue'),
      meta: {
       title: '课程管理',
      },
      redirect:'/courser/courser-list',
      children:[
        {
          path: '/courser/courser-list',
          name: 'courser-list',
          component: () => import('@/views/courser/courser-list.vue'),
          meta: {
           title: '课程列表',
          },
        },
        {
          path: '/courser/courser-category',
          name: 'courser-category',
          component: () => import('@/views/courser/courser-category.vue'),
          meta: {
           title: '课程分类',
          },
        }
      ]
    }
  }
]
/**
 * 定义404界面
 */
```

```
export const notFoundRoute:RouteRecordRaw =
  {
    path: '/:path(.*)*',
    name: 'notFound',
    component: () => import('@/views/error/404.vue'),
    meta: {
      title: '找不到对象',
      isHide: true,
    },
  }
;
/**
 * 定义静态路由（默认路由）
 * @returns 返回路由菜单数据
 */
export const staticRoutes: Array<RouteRecordRaw> = [
  {
    path: '/login',
    name: 'login',
    component: () => import('@/views/login/login.vue'),
    meta: {
      title: '登录',
    },
  }
]
```

在实际项目中，dynamicRoutes 对象的数据往往是从后端接口获取的，因为不同的角色菜单权限不一样，所以不同的登录用户所拥有的路由权限也不一样，router.addRoute 方法可以用于动态添加路由。这里为了简便，直接把 dynamicRoutes 作为静态路由定义好了。

（2）在 router/index.ts 中引入 router/routes.ts 中的路由配置，然后创建路由实例并导出 router 对象，代码如下：

```
import { createRouter, createWebHistory } from 'vue-router';
// 1.定义路由组件，也可以从其他文件导入
import { dynamicRoutes,staticRoutes,notFoundRoute } from './routes';
// 2.创建路由实例并传递 `routes` 配置
// 可以在这里输入更多的配置，但我们在这里暂时保持简单
const router = createRouter({
  // 内部提供了 history 模式的实现
  history: createWebHistory(),//createWebHashHistory
  routes:[...staticRoutes,...dynamicRoutes,notFoundRoute]
})
export default router;
```

（3）在 main.ts 中注册路由，代码如下：

```
import router from './router/index';
app.use(router);
```

9.4.7 构建系统后台首页

系统的主界面通常展示一些统计信息，这里的布局使用 AntDV 当中的 Grid 栅格，图标使用阿里巴巴矢量库。

（1）登录阿里巴巴矢量库，创建项目并添加自定义矢量图标，然后生成在线地址。

阿里巴巴矢量库官网地址：https://www.iconfont.cn/。

阿里巴巴矢量库项目管理界面如图 9-13 所示。

图 9-13

（2）在 public/index.html 中引入生成的样式地址：

```
<link rel="stylesheet" href="//at.alicdn.com/t/font_2155726_mp6hgha7b2g.css" >
```

如果项目需要在内网中运行，就不能使用在线地址，需要把阿里巴巴矢量库的图标下载至项目中，然后通过本地引用。

（3）修改首页内容 views/home/home.vue，代码如下：

```
<template>
  <div class="main">
    <a-row :gutter="25">
      <a-col :span="8">
        <div class="cell s1">
          <i class="iconfont icon-yonghu"></i>
          <h4>登录用户</h4>
          <h5>{{login_user}}</h5>
        </div>
      </a-col>
      <a-col :span="8">
        <div class="cell s2">
          <i class="iconfont icon-zhuce"></i>
          <h4>新增注册</h4>
          <h5>{{new_register}}</h5>
```

```html
            </div>
          </a-col>
          <a-col :span="8">
            <div class="cell s3">
              <i class="iconfont icon-xinzeng"></i>
              <h4>课程新增学员</h4>
              <h5>{{new_stu_course}}</h5>
            </div>
          </a-col>
        </a-row>
        <a-row :gutter="25">
          <a-col :span="8">
            <div class="cell s4">
              <i class="iconfont icon-banjiguanli"></i>
              <h4>班级新增学员</h4>
              <h5>{{new_stu_classes}}</h5>
            </div>
          </a-col>
          <a-col :span="8">
            <div class="cell s5">
              <i class="iconfont icon-huiyuan"></i>
              <h4>新增会员</h4>
              <h5>{{new_member}}</h5>
            </div>
          </a-col>
          <a-col :span="8">
            <div class="cell s6">
              <i class="iconfont icon-yiwen"></i>
              <h4>未回复问答</h4>
              <h5>{{not_reply}}</h5>
            </div>
          </a-col>
        </a-row>
     </div>
</template>
<script setup lang="ts">
import {getHomeData} from '@/api/index';
const state=reactive<any>({
    login_user:0,
    new_register:0,
    new_stu_course:0,
    new_stu_classes:0,
    new_member:0,
    not_reply:0
});
const initData=()=>{
  getHomeData().then((res:any) => {
      if (res.code === 200) {
          const {login_user,new_register,new_stu_course,new_stu_classes,new_member,not_reply} = res.data;
```

```
            state.login_user=login_user;
            state.new_register=new_register;
            state.new_stu_course=new_stu_course;
            state.new_stu_classes=new_stu_classes;
            state.new_member=new_member;
            state.not_reply=not_reply;
        }
    });
}
initData();
const
{login_user,new_register,new_stu_course,new_stu_classes,new_member,not_reply}=toRefs
(state);
</script>
```

最终首页内容展示效果如图 9-14 所示。

图 9-14

9.4.8 用户列表

用户列表界面的主要功能是展示一个表格数据，同时支持条件搜索和分页。这里会用到 AntDV 中的 Table 表格组件和一些与查询表单相关的文本框组件、按钮组件。

新建用户列表界面 user/user-list.vue，代码如下：

```
<template>
    <div>
        <div class="search-bar">
            <a-form ref="formRef" layout="inline" @finish="handleFinish" :model="formState">
                <a-form-item name="username" label="用户名">
                    <a-input v-model:value="formState.username" placeholder="用户名" allowClear>
                        <template #prefix>
```

```html
                    <UserOutlined class="site-form-item-icon" />
                </template>
            </a-input>
        </a-form-item>
        <a-form-item name="email" label="邮箱">
            <a-input v-model:value="formState.email" placeholder="邮箱" allowClear>
                <template #prefix>
                    <MailOutlined class="site-form-item-icon" />
                </template>
            </a-input>
        </a-form-item>
        <a-form-item>
            <a-button type="primary" html-type="submit" :icon="h(SearchOutlined)">查询
            </a-button>
            <a-button style="margin-left: 10px" @click="resetForm" :icon="h(ClearOutlined)">清空</a-button>
        </a-form-item>
        <a-button :icon="h(PlusCircleOutlined)" @click="onAdd">新增</a-button>
    </a-form>
</div>
<a-table :columns="state.columns" :data-source="state.tableData" :pagination="state.pagination"
    :loading="state.loading" @change="handleTableChange" row-key="_id">
    <template #bodyCell="{ column, text, record }">
        <template v-if="column.dataIndex === 'name'">
            <a>{{ text }}</a>
        </template>
        <template v-if="column.dataIndex === 'status'">
            <a-tag :color="getStatus(record.status).color">{{
                getStatus(record.status).txt
            }}</a-tag>
        </template>
        <template v-if="column.dataIndex === 'createTime'">
            {{ getTimeFormat(record.createTime) }}
        </template>
        <template v-if="column.key === 'action'">
            <a-space size="middle">
                <a-button type="link" @click="doEdit(record)">编辑</a-button>
                <a-popconfirm title="确定要删除这条记录吗？" @confirm="delConfirm(record)" okText="确定" cancelText="取消">
                    <a-button type="link">删除</a-button>
                </a-popconfirm>
            </a-space>
        </template>
```

```vue
            </template>
        </a-table>
        <user-add ref="userAddRef" @refreshData="refreshData"></user-add>
    </div>
</template>
<script setup lang="ts">
import { h } from "vue";
import {
    UserOutlined,
    MailOutlined,
    SearchOutlined,
    PlusCircleOutlined,
    ClearOutlined
} from "@ant-design/icons-vue";
import UserAdd from "./user-add.vue";
import type { TableProps, TableColumnType } from "ant-design-vue";
import { message } from 'ant-design-vue';
import { getTimeFormat } from "@/common/date";
import { getUserListData, delUserRecord } from '@/api/index';
import type { FormInstance } from 'ant-design-vue';
import {UserStatusObj,UserRoleObj,UserRoleType} from '@/common/comObj';
const [messageApi] = message.useMessage();
interface FormState {
    username: string; // 用户名
    email: string; // 邮箱
}
// 表单查询参数
const formState = reactive<FormState>({
    username: "", email: ""
});
// 表格相关数据
const state: any = reactive<any>({
    // 分页参数
    pagination: {
        current: 1,         // 当前页面
        pageSize: 10,       // 每页显示记录数
        total: 0            // 总记录数
    },
    loading: false,
    tableData: [], // 列表数据
    columns: [
        {
            title: "序号",
            customRender: ({ index }) => {
                return `${(state.pagination.current - 1) * state.pagination.pageSize + index + 1}`;
            },
        },
```

```
        {
            title: "用户名",
            dataIndex: "username",
        },
        {
            title: "邮箱",
            dataIndex: "email",
        },
        {
            title: "角色",
            dataIndex: "role",
            customRender: ({ record }) => {
                return UserRoleObj[record.role as keyof Record<UserRoleType, string>];
            },
        },
        {
            title: "用户状态",
            dataIndex: "status",
        },
        {
            title: "创建时间",
            dataIndex: "createTime",
        },
        {
            title: "操作",
            key: "action",
        },
    ] as TableColumnType[],
});
// 根据状态值获取状态对象{状态名称、状态颜色}
const getStatus = (status: number) => {
    return {
        txt:UserStatusObj[status].text,
        color:UserStatusObj[status].color,
    };
};
// 编辑
const doEdit = (record: any) => {
    userAddRef.value.showWin(record);
};
// 查询
const onSearch = (params: any = {}) => {
    state.loading = true;
    getUserListData(params)
        .then((res: any) => {
            if (res.code === 200) {
                state.tableData = res.data.records;
                state.pagination = {
```

```
                ...params.pagination,
                total: res.data.total,
            }
        }
    }).finally(() => {
        state.loading = false;
    });
};
const formRef = ref<FormInstance>();
// 重置表单
const resetForm = () => {
    formRef.value?.resetFields();
};
// 提交搜索表单
const handleFinish = (values: FormState) => {
    onSearch({
        ...values,
        pagination: state.pagination,
    });
};
// 表格变化
const handleTableChange: TableProps["onChange"] = (
    pagination,
    filters,
    sorter: any
) => {
    state.pagination = { ...pagination };
    console.log('pagination', pagination)
    onSearch({
        pagination,
        sortField: sorter.field,
        sortOrder: sorter.order,
        ...filters,
    });
};
const userAddRef = ref();
// 新增
const onAdd = () => {
    userAddRef.value.showWin();
};
// 刷新数据
const refreshData = () => {
    const { pagination } = state;
    let params = { pagination, ...formState };
    onSearch(params);
};
// 删除确认
const delConfirm = async (row: any) => {
```

```
        let res: any = await delUserRecord(row._id);
        if (res.code === 200) {
            messageApi.success('删除成功');
            refreshData(); // 重新查询数据
        }
    };
    refreshData(); // 初始化查询数据
</script>
<style lang="scss" scoped>
@import "@/assets/scss/list.scss";
</style>
```

用户列表界面如图9-15所示。

图9-15

> **注 意**
>
> 这里的序号在分页的情况下保持了连续。我们要在Table组件中指定rowKey属性，否则浏览器可能会出现"table should have a unique \`key\` prop"的警告。

多数分页组件要求我们在调用分页接口时返回记录总数（total），这样分页组件就可以根据pageSize（页面显示数目）和total（总数）来计算出页数。而AntDV中的Table组件自动集成了分页功能。

9.4.9 新增/编辑用户

当用户访问一个展示了某个列表的页面，想新建一项但又不想跳转页面时，可以用Modal弹出一个表单，用户在填写必要信息后创建新的项。

当我们单击"新增"按钮后，显示新增用户的界面弹窗，效果如图9-16所示。

当我们单击"编辑"按钮后，显示编辑用户的界面弹窗，效果如图 9-17 所示。

图 9-16 　　　　　　　　　　　　　　　　图 9-17

我们发现编辑弹窗和新增弹窗除了标题文字不同之外，界面是一样的，所以可以封装为公共的组件 user-add.vue 以实现复用。

如果是编辑，需要把除密码之外的用户信息显示在弹窗中；如果是新增，新增用户弹窗界面的用户信息将显示初始默认值，而用户名、邮箱、密码这 3 个字段默认为空。

在编辑用户界面修改用户信息时，为了简便起见，通常只会检查输入的密码是否正确，只有输入正确的密码才能进行修改。然而，实际上，具有权限的用户可以直接修改用户信息，只是对于密码，如果不是用户本人，则通常只能重置而不能修改，只有用户本人才有权限修改自己的密码。

在前端开发中，我们通常会对表单输入进行格式验证。尽管后端接口也会对输入数据进行校验，但前端验证同样至关重要。这种双重验证机制被称为双向验证，旨在提升用户体验和确保系统安全性。前端验证能够迅速提示用户并避免发送无效的接口请求，而后端验证则可以有效防止绕过前端校验直接调用接口，从而避免录入不符合要求的数据。这种双向验证的组合可以有效保障数据的准确性和安全性。

user-add.vue 代码如下：

```
<template>
            <a-modal          :title="state.winTitle"          :open="state.winVisible"
@ok="handleOk" :confirmLoading="state.winLoading"
    @cancel="handleCancel" cancelText="取消" okText="确定">
      <a-form ref="formRef" :model="formState" name="basic" :label-col="{ span: 4 }" :wrapper-col="{ span: 20 }"
        autocomplete="off" @finish="onFinish">
        <a-form-item label="用户名" name="username" :rules="[
          { required: true, message: '请输入用户名' },
          {
            min: 4,
            message: '用户名长度少于4个字符',
          },
          {
            max: 20,
            message: '用户名长度大于20个字符',
```

```
                    },
                ]">
                    <a-input v-model:value="formState.username" placeholder="用户名">
                        <template #prefix><user-outlined /></template>
                    </a-input>
                </a-form-item>
                <a-form-item label="邮箱" name="email" :rules="[
                    { required: true, message: '请输入邮箱' },
                    { type: 'email', message: '请输入正确的邮箱格式' },
                ]">
                    <a-input placeholder="邮箱" v-model:value="formState.email">
                        <template #prefix><mail-outlined /></template>
                    </a-input>
                </a-form-item>
                <a-form-item label="密码" name="password" :rules="[{ required: true, message: '请输入密码' }]">
                    <a-input-password v-model:value="formState.password" placeholder="密码">
                        <template #prefix><lock-outlined /></template>
                    </a-input-password>
                </a-form-item>
                <a-form-item label="角色" name="role">
                    <a-select v-model:value="formState.role" placeholder="请选择角色">
                        <a-select-option v-for="(value,key) in UserRoleObj" :key="key" :value="key">{{value}}</a-select-option>
                    </a-select>
                </a-form-item>
                <a-form-item label="状态" name="status">
                    <a-radio-group v-model:value="formState.status">
                        <a-radio v-for="(value,key) in UserStatusObj" :key="key" :value="Number(key)">{{ value.text }}</a-radio>
                    </a-radio-group>
                </a-form-item>
            </a-form>
        </a-modal>
</template>
<script setup lang="ts">
// import { Form, Input, Radio, Select, message } from 'antd';
import { UserOutlined, LockOutlined, MailOutlined } from '@ant-design/icons-vue';
import { addUser, editUser } from '@/api/index';
import { message } from 'ant-design-vue';
import {UserStatusObj,UserRoleObj} from '@/common/comObj';
interface FormState {
    username: string;
    password: string;
    email: string;
    role: string;
    status: number;
    _id: any;
}
```

```
const state = reactive({
    winTitle: '',
    winVisible: false,
    winLoading: false,
    isEdit: false
})
const formState = reactive<FormState>({
    username: '',
    password: '',
    email: '',
    role: 'normal',
    status: 0,
    _id: ''
});
const onFinish = async (values: any) => {
    console.log('Success:', values);
};
const formRef=ref();
const emit=defineEmits(["refreshData"]);
// 确定
const handleOk =() => {
    formRef.value
    .validateFields()
    .then(async (values:any) => {
    let res: any = null;
    let operateFlag = '编辑';
    if (state.isEdit) {
        // 编辑
        res = await editUser({ ...values, id: formState._id });
    } else {
        // 新增
        operateFlag = '新增';
        res = await addUser(values);
    }
    if (res && res.code === 200) {
        message.success(`${operateFlag}用户成功`);
        handleCancel(); // 操作成功，关闭弹窗
        emit("refreshData"); // 刷新界面数据
    } else {
        // 操作失败
        message.error(`${operateFlag}用户失败`);
    }
});
};
// 取消
const handleCancel = () => {
    state.winVisible = false;
};
// 显示弹窗
const showWin = (row?: any) => {
```

```
        state.winTitle = row ? '编辑用户' : '新增用户';
        state.winVisible = true;
        state.isEdit = row ? true : false;
        if (row) {
            const { _id, username,email,role,status } = row;
            formState._id = _id
            formState.username = username;
            formState.email = email;
            formState.role = role;
            formState.status = status;
            formState.password='';
            console.log('formState',formState)
        }
}
// 暴露方法供父组件调用
defineExpose({
    showWin
})
</script>
```

在用户列表中,单击某一行的"删除"按钮后,为了避免误操作,通常会弹出一个确认删除提示框。当我们单击"取消"按钮时,执行取消删除操作;当我们单击"确定"按钮时,执行删除操作。运行效果如图 9-18 所示。

图 9-18

> **注　意**
>
> 当删除操作执行成功之后,要再执行一次查询操作,从而及时刷新界面数据。

本项目通过用户管理这个功能模块,完整地展示了如何实现用户的 CRUD(创建、读取、更新、删除)操作。在实际应用当中,大多数场景也是实现 CRUD 的操作,所以笔者后续将不再讲解这方面的内容,读者可以对照书中现有的示例,逐步完善这个项目剩余的功能,甚至在这个基础之上进行扩展,这也是对自己学习成果的一个验证。

9.4.10　配置代理

由于进行了前后端分离,后端接口服务器和 Web 前端服务器的端口不同,当我们在 Web 前端调用后端接口时,会产生跨域问题。因此,需要配置代理。

在 Vite 项目中配置接口请求代理很简单,只需在 vite.config.ts 中添加 proxy 配置项即可,代码如下:

```
server: {
  host: "0.0.0.0",
  port: 8788,
  open: true,
  // 开启热更新
  hmr: {
```

```
    overlay: false,
  },
  cors: true,
  proxy: {
    "/api": {
      target: 'http://127.0.0.1:80',// 开发
      ws: true,
      changeOrigin: true,
      rewrite: (path) => path.replace(/^\/api/, ""),
      secure: false, // 这里新增一个配置，解决证书问题
    },
  }
}
```

target 配置项必须配置为 manage-sys-api 项目的 IP 地址和端口。"/api"前缀用于 URL 地址捕获，在 manage-sys-web 项目中，所有接口的请求前面都加了"/api"前缀，因为 axios.ts 中添加了如下代码：

```
axios.defaults.baseURL = '/api';
```

rewrite 配置项表示当转发到 target 所指向的地址之后，需要移除"/api"前缀，因为在 manage-sys-api 项目中的接口地址实际上是没有"/api"前缀的。

至此，Web 前端项目框架已经开发完成。

9.5　项目运行

在本地运行前后端分离的项目，首先要启动后端 Node.js 接口服务，再启动前端 Vue 项目，否则接口调用将会报错。

项目运行的操作步骤如下：

步骤 01 打开 manage-sys-api 项目，执行 yarn dev。

步骤 02 打开 manage-sys-web 项目，执行 yarn dev。

步骤 03 在浏览器中访问 manage-sys-web 的地址，即 http://localhost:8788/。

至此，整个项目创建并运行完成。